培訓叢書 ㊱

# 銷售部門培訓遊戲綜合本

邱世文　任賢旺/編著

憲業企管顧問有限公司　　發行

# 《銷售部門培訓遊戲綜合本》

# 序　言

**這本《銷售部門培訓遊戲綜合本》的書籍，是經過精心設計而成的企業培訓遊戲，主要是針對企業銷售部門的銷售員、賣場專櫃的店員，所設計的各種推銷培訓活動遊戲。各種有趣的培訓方法，透過輕鬆的遊戲方式，改善員工的銷售技巧，強化員工的內心動力。**

書內的遊戲項目，已被眾多企業普遍引用，作為業務部門的培訓教材。特色在於：**容易操作，活潑輕鬆，印象深刻，普遍適用性**。各種培訓方式，保證可讓學習者留下深刻的印象！

不管你是推銷那類商品，也不管你是那種推銷方式，你要向經銷商鼓勵進貨販賣，或是向客戶介紹推銷商品，或是在店內向消費者努力銷售專櫃商品，這本《**銷售部門培訓遊戲綜合本**》都適合你使用。

要成為一名成功的銷售人員，必須熟練掌握一系列技能：傾聽客戶談話、向客戶介紹情況、克服種種異議、與客戶建立和諧關係等。本書所收錄的各種遊戲，它們會讓參與者興致盎然，也會使他們有所感悟，**這將有助於銷售人員樹立信心、提高士氣、激發熱情、促進創新，並最終在實際銷售工作中提高銷售業績。**

本書是有始以來，最多的銷售部門培訓遊戲，整理的遊戲種類有 121 種之多，堪稱培訓遊戲大全集，非常適合貴公司業務部的銷售人員、門市商店的販賣人員的培訓教材。

書內的培訓遊戲都以簡短而活潑有趣的方式，來提高參與者對銷售中各種問題的認識；透過參與，讓他們在正式的情境下予以運用。

這些遊戲，你可以在員工會議、一週總結討論會、工作餐或其他合適的場合下開展培訓遊戲，在實際的教學中，發現很多銷售人員期盼著這樣的遊戲，他們也會全身心地投入到遊戲中去。到了培訓遊戲時間，有些銷售人員會變得非常活躍，簡直能讓你吃驚！

本書《銷售部門培訓遊戲綜合本》在 2017 年 1 月發行，內容非常適合企業經營者、管理幹部、培訓部門講師，尤其適合與銷售有關的部門主管使用。在此祝福您，從本書提供的活動遊戲案例中，獲得更多的成就！

2017 年 1 月

# 《銷售部門培訓遊戲綜合本》

# 目　錄

# 1 注意你的第一印象

遊戲時間：30 分鐘

## 遊戲簡介

業務員給予人的第一印象，往往非常重要。受訓學員透過切身參與本遊戲，體會其對銷售人員形象的影響。

## 遊戲主旨

讓受訓業務員明白第一印象是重要的，好的印象能促成一筆交易，壞的印象則是銷售失敗的重要原因。

## 遊戲步驟

1. 開始上課時，培訓師緩慢地開始講課。低聲並用單調的語氣說話，不苟言笑。

2. 停止上課。說明老闆正在對培訓師進行評估，要求培訓人員都要寫出培訓師在上課過程中留給他們的印象。

3. 環繞教室，收集反饋資訊，但在那時不能對它們做任何處理、評論。

4. 培訓師用正常的方式推心置腹，展示真實的你。

5. 在課程末尾，讓班級成員重覆練習，然後與第一次作出的評論進行對比。

## 遊戲討論

讓全體學員進行如下討論：

1. 為什麼參與者最初的反應是消極的(你的行為暗示了這堂課是乏味的)？

2. 提問有多少人在開始的三分鐘內就形成了這堂課將死氣沉沉的想法。

3. 討論銷售員如何經常在見面的瞬間，就對他們的顧客作出了迅速的判斷。

4. 提問這類偏見如何潛移默化地影響銷售員進行銷售，有時，它們甚至招致推銷的失敗。

5. 提問他們怎樣能夠在形成第一印象時謹慎些，並對顧客中的差異表現得大度些，以一種有效的方式與每個人相處。

銷售故事

### 微笑是最好的推銷

一天，一隻饑餓的老虎逮住了一隻狡猾的狐狸，道：「今天，你總算給我送來了美餐。」

狐狸知道，若是此時害怕也許命休矣，便面帶微笑，很自信地道：

「老虎你雖是山中之王，但是我是上天派來管教所有獸類的，你若不信，我們到森林裏去看看，誰見了我都害怕。」

老虎剛要張開大口，聽狐狸一說，心裏不禁一驚，心想，不如跟它到森林裏看看，若是假再吃它也不遲。

自信的狐狸一直在老虎面前臉帶微笑，弄得老虎心裏摸不著一點頭腦，待他們走進森林，眾獸類見了老虎趕緊躲藏，老虎還真以為狐狸是天神所派，把它放了。

狐狸能保住性命是他的聰明和他的微笑，如果他硬在老虎面前逞好漢，那早成了老虎口中的美食，同時，他的微笑反而使老虎自己心虛，這就是狐狸狡猾的地方。

在推銷中，微笑能建立信任，在任何時代，任何地區，微笑都是表示友好意願的信號。推銷時微笑，表明你對客戶交談抱有積極的期望。

# 2 到火星談生意

遊戲時間：50 分鐘

## 遊戲簡介

許多銷售員在推銷時，試圖為所有可能出現的意外事件做好準備，結果把公文包塞得滿滿的，給顧客留下很不好的印象。

## 遊戲主旨

此遊戲在於強調銷售人員的公事包，留給顧客第一印象的重要性。

## 遊戲步驟

1. 每人拿出一張紙，每行列一個項目，記錄下本身的公事包裏的所有東西。

2. 把全體人員分成 4 組，講述如下內容：

「恭喜恭喜，你被選中去談公司與火星之間的第一筆生意，由於距離太遠，除了知道會談和每天經歷的大多數會談一樣外，我們不能提供任何有關顧客的資料，這更像單程銷售。」

「太空船的倉內只允許攜帶限定重量的行李，因此，你只能在公事包裏放 5 份商業用品。」

3. 每個小組集體討論到火星上做銷售工作需要的 5 件最關鍵的東西(假如所有的食物、衣服和其他個人生活必需品都供應充足，只要打電話就能拿到，不需攜帶)。

4. 這項訓練持續 15 分鐘後做總結。

## 遊戲討論

讓全體作以下討論：

1. 討論你的公事包裏最初是如何弄亂的，強調我們給顧客留下的拙劣印象。

2. 記錄各組意見的相似點，討論差異。

銷售故事

## 頂尖推銷員頭腦裏有目標，其他人則只有願望

有一個懶漢，跟鄰居去學釣魚。到了河邊，懶漢放下誘餌，頭腦裏便開始想入非非：要是這次我釣上了一條金魚多好，金魚又生很多小金魚，我拿到市場上去換來很多銀兩，然後我不用幹活，我去買洋房，還有我要娶三個老婆……

懶漢這樣想著，不時地做著釣上金魚的動作，可惜，魚杆一點動靜都沒有，只是在他的行動下泛起了漣漪。沒過一會兒，鄰居釣上了一條一尺來長的大草魚，懶漢心生妒意，把魚杆一甩，去問鄰居經驗：「我們是一樣的誘餌，同樣的河流，為什麼我釣不上魚而你卻能呢？」

鄰居笑著說：「我能釣上魚兒因為我頭腦裏有目標，所以我心靜如水地等魚兒上鉤，你釣不上是因為你頭腦裏只有釣魚的願望，反而心浮氣躁。」

在推銷這行業，許多人天天想推銷百萬元大單，而在行動上，他寧願少接觸一個客戶，多睡一會兒懶覺。

推銷之前訂立目標是推銷員成功的方法之一。因為有了目標就有動力，有了動力就會促使自己對成功渴望。

# 3 如何應付反對意見

遊戲時間：根據反對意見的數目而定

## 遊戲簡介

讓學員聽到一些反對意見，並就這些反對意見發表看法。

## 遊戲主旨

使參與者學會如何處理在銷售過程中所出現的反對意見。

## 遊戲材料

每位參與者一隻筆，活頁紙(每張紙的上部分別有如下標題)：

· 接近

· 沒有被意識的需要

· 產品/服務#1*

· 產品/服務#2*

· 價格

· 運輸

· 成交

這些將用於你們公司提供的具體產品或服務使用中，如下表所示：

| 沒有被意識的需求 | 產品/服務#1 | 產品/服務#2 |
|---|---|---|
| 接　近 | | 價　格 |
| 開　始 | 成　交 | 猶　豫 |

## 遊戲步驟

1. 給受訓學員分發準備好的活頁紙，把遊戲規則說明放在教室前面的桌子上。

2. 讓參與者寫下他們從顧客口中最常聽到關於銷售某個方面的反對意見(例如，接近顧客時：「我們對你們的服務不感興趣。」；關於產品時：「這項功能大概在這裏不會起作用。」；內心猶豫：「讓我考慮一下。」)。

3. 把全體人員分成 3 組。

4. 依次說明以下幾點：

⑴反對意見要盡可能圍繞遊戲規則的說明進行。

⑵完成一個循環的小組，將得到 100 萬美元的獎勵。

⑶最先積累到 300 萬美元的小組將獲得冠軍。

5. 過程：

⑴小組之間通過擲點數的方式決定進行的先後順序(最高點是第一位)。

⑵從表上標示「開始」的地方開始，第一小組擲點，並向相應的方塊前進。

⑶必須在相應的表格中回答第一個反對意見提出的問題。

⑷如果提出的答案通過，他們停留在原地；如果提出的答案不讓指導者滿意，則要返回到前一個位置。

⑸所有的小組重覆這個過程。

⑹當全部反對意見都解決了，那個格應該被認為是「自由停泊區」，停留在此處的小組再一次擲點。

## 遊戲討論

讓受訓學員討論：

1. 在訓練之前，多少人感到處理那些反對意見時有難度。

2. 提問參與者的得心應手程度有什麼變化。

3. 說明不管在銷售過程的那一個環節出現了反對意見，對於它們的處理方式，步驟都一樣。

銷售故事

### 推銷我的兒子

一個老人有三個兒子。大兒子、二兒子都在城裏工作，小兒子和他在一起，父子相依為命。

有一天，一個人找到老人，對他說：「尊敬的老人家，我想把你的小兒子帶到城裏去工作，你看行嗎？」老人很生氣地對這個人說：「不行，絕對不行！」這人又說：「如果我在城裏給你的兒子找個對象，可以嗎？」老人搖搖頭，更加生氣了：「不行，你快走吧！」這個人最後說：「如果我給你兒子找的對象，也就是你未來的兒媳婦，是洛克菲勒的女兒呢？」這時候老人猶豫了，想了又想，終於被說動了。

過了幾天，這個人找到了石油大王洛克菲勒，對他說：「尊敬的洛克菲勒先生，我想給你的女兒找個對象，您同意嗎？」洛克菲勒瞥了他一眼，說：「我不需要。」這個人又說：「如果我給你女兒找的對象，也就是你未來的女婿，是世界銀行的副總裁，您會同意嗎？」洛克菲勒猶豫了，沉思了很久，還是同意了。

又過了幾天，這個人找到了世界銀行總裁，對他說：「尊敬的總裁先生，你應該馬上任命一個副總裁！」總裁先生搖搖頭說：「不可能，這裏這麼多副總裁，我為什麼還要任命一個副總裁呢？」這個人說：「你將任命的這個副總裁是洛克菲勒的女婿啊！」總裁一聽說是石油大王的女婿，便決定和董事會商量一下。

就這樣，世界銀行多了一個副總裁，洛克菲勒有了女婿，老人的兒媳婦真的是洛克菲勒的女兒。

看清了事物之間的各種聯繫，困難就容易解決了。行銷產品概念其實就是對產品進行行銷包裝。例如故事中的這個人對農夫兒子進行了各種各樣的行銷包裝，針對不同的顧客，推銷不同的行銷概念。

# 4 銷售失敗所帶來的10件好事

遊戲時間：20分鐘

## 遊戲簡介

在工作剛開始時就遭到拒絕，無疑會影響全天的情緒，本遊戲就是在協助受訓學員，當遭到拒絕時如何調整心態，積極面對顧客。

## 遊戲主旨

這項訓練旨在幫助銷售員在遭到拒絕時保持信心。

## 遊戲材料

活頁紙和鋼筆若干。

## 遊戲步驟

1. 培訓師問全體受訓學員，有多少人在上一個星期遭到過拒絕，並討論遭到拒絕時的環境、原因。

2. 提問參與者聽到拒絕時的感受，他們的沮喪持續了多長時間。進一步討論當他們體驗被拒絕的沮喪時，他們會以什麼樣的態度對待其他顧客。

3. 把全體學員分組，每組列舉出「失敗帶來的10件好事」。

4. 10分鐘後進行討論，全體學員相互交流。

## 遊戲討論

遭到拒絕時，如何迅速調整心態，保持住信心。工作結束後，要檢討銷售過程，找出問題點，向別人請教解決對策。

### 銷售故事

### 激起客戶的需求，要多提示

山羊站在陡峭的山崖頂上吃草。一隻狼發現了它，卻怎麼也爬不上去，於是裝出關心的樣子，道：「山羊兄弟，山崖頂上太危險，摔下去就要粉身碎骨，還是下來為好。」

山羊對狼說：「我是不會相信你的，你這麼說，無非是在替自己找東西吃。」

「不不，我早已吃飽了，」狼故意拱起它的肚皮道，「我是安的一片好心，你看看，崖石上面光禿禿的，怎麼會有你吃的草呢？而且下面有很多青草，鮮嫩肥美。」

狼這麼一提示，山羊還真心動了，從山崖上溜了下來，還沒站定，狼露出了它的本來面目：「你說的對，我叫你下來，無非是替我自己找食物吃。」說完就朝山羊撲去。

狼之所以能夠達到它的目的，是因為它瞭解山羊需要什麼，然後根據它的需求進行有效勾引。

推銷員想把商品(或服務)推銷出去，所需做的一件事，就是喚起客戶對這種商品(或服務)的需要。

# 5 幫助顧客購買商品

遊戲時間：16 分鐘

## 遊戲簡介

遊戲中，參訓人員要從顧客的角度探索各種銷售辦法。要求這些方法可以幫助顧客以最舒服的方式購買商品。

## 遊戲主旨

充分考慮顧客的想法,強調採用專業和輕鬆銷售方式的重要性。

## 遊戲材料

提供的印刷材料、活動掛圖。

假如你現在是某商品的購買者，描述你希望以什麼方式買到商品。即你想讓銷售人員怎樣做，以及怎樣來對待你。在另外一張紙上做好筆記，寫下你的意見，訓練結束時進行小組討論。

假如你是顧客……

1. 你希望銷售人員的形象是什麼樣的？

2. 你希望和銷售人員怎樣進行「第一次接觸」？

3. 對於這種產品或服務，在你做出正確的購買決定之前，所面臨的問題是什麼？你希望獲得那些資訊？

4. 描述你理想中的銷售人員所應具備的銷售技能，並詳細說明其中那些方面對你印象最深，那一類事難以給你留下印象？

5. 什麼因素會使你推遲與一名銷售人員進行交易呢？以及你購買商品的動機是什麼？

6. 你希望銷售人員詢問你什麼問題？

7. 與其他因素相比，商品價格對你來說重要嗎？什麼因素會讓你願意支付比原來期望值高的價格呢？

## 遊戲步驟

1. 把受訓學員按兩人分組，或分成一個個小組，然後分發印刷材料。所有人員都有 5 分鐘的時間來回答問題，回答完之後，大家要在小組討論中分享觀點。

2. 分發印刷材料。

3. 要求受訓學員從顧客的角度來看待銷售，並思考顧客最希望獲得那一種推銷方式。

## 遊戲討論

當大多數人都回答完後，輪流審視一下每個問題，在進行新的項目之前，對這些問題進行認真充分的討論。確保每組都有所貢獻，並在活動掛圖上總結這些問題的要點。

在討論中，你可以用下面的問題來引導受訓學員：

1. 以前是否考慮過自己在顧客眼中的形象？

2. 你願意從你那裏買東西嗎？

3. 我們怎樣確保顧客所希望的商品品質呢？

4. 如果這些都是顧客希望我們做的，是什麼原因使我們或者其他銷售人員現在沒有做呢？

5. 怎樣從顧客角度看待我們自身形象的改變？

# 6 預約角色表演

遊戲時間：15 分鐘

## 遊戲簡介

在培訓遊戲中，銷售人員要「安排」頒獎典禮，以慶祝自己被授予「年度最佳銷售員」稱號。

## 遊戲主旨

學會打電話，練習有效的打電話技巧，明確他們打電話時的優勢和改進機會。

## 遊戲材料

材料一、材料二、材料三和材料四。

## 遊戲步驟

1. 分發材料一，並討論在打電話預約時所涉及的問題。

2. 將參與者分成 3 人的小組，給每個參與者分發材料二、材料三和材料四。

3. 說明在 3 人小組中每個人要輪流扮演潛在客戶、銷售員和觀察者的角色。

4. 讓參與者使用材料二，完成潛在客戶角色表。時間為 5 分鐘。

5. 在每次角色表演之前，潛在客戶要把潛在客戶角色表上的所有信息(除了反對)提供給銷售員，銷售員利用這些信息為電話預約做準備。允許參與者交換信息，並為他們的電話預約做計劃。

6. 告訴大家在進行角色表演時，表演者要背靠背坐。

7. 在角色表演開始之前，給大家如下指導方針：

⑴潛在客戶

· 強硬，但要公正

· 如果銷售員遵循了材料一上列出的步驟，就答應見面

· 遵循這一角色的指導方針

⑵銷售員

· 為你的電話預約做計劃

· 聆聽潛在客戶並進行回應

· 不要試圖在電話中推銷，你的目標是約見潛在客戶

⑶觀察者

· 在觀察者指南上做記錄

· 管理時間(將角色表演的時間控制在 3～5 分鐘)

· 在角色表演結束時，開展回饋討論

8. 開展角色表演。

9. 引導大家就材料五的討論問題展開討論。

特別說明和調整：

⑴使用一台真正的電話、一台答錄機和一個竊聽器給每次的角色表演錄音。

⑵讓參與者給他們真實的陌生拜訪電話錄音，並提交最好的錄

音用於評估和討論。

材料一　預約活動

準備

1. 分配主要的電話預約時間。

2. 清理桌上的雜物。

3. 準備你的銷售工具，包括：

· 潛在客戶列表

· 關於潛在客戶的現有數據

· 便條紙

· 客戶資料表

· 區域地圖

· 銷售資料

· 預約簿

4. 為你的電話預約做計劃，包括：

· 電話預約目標

· 此次電話預約具有吸引力的業務內容

· 想好如何化解可能的反對

· 銷售信息

· 計劃如何提出預約請求

表演

1. 對著電話微笑。

2. 表明自己的身份和所在的公司。

3. 建立信任。

4. 給出此次電話預約具有吸引力的業務內容。

5. 提出調查的問題。

6. 利用優勢傳達銷售信息。

7. 提出預約請求。

8. 化解反對。

9. 確認預約。

10. 表達感謝。

11. 友善地結束通話。

跟進

1. 記錄預約或其他必要行動的時間。

2. 完成客戶資料表。

3. 給他們發確認信函或資料(在合適的前提下)。

4. 為接下來的銷售拜訪做準備。

**材料二　預約角色表演：潛在客戶的角色表**

客戶：________________________________

潛在客戶的姓名：____________　職位：____________

行業類別：____________________________

已經明確的需求(或潛在需求)：____________________

________________________________________

這一客戶的背景信息(陌生拜訪電話中通常用到的信息)：

________________________________________

反對：

________________________________________

當創建了角色表之後，與你的搭檔分享除反對之外的所有信息。

**材料三　預約角色表演：銷售員的角色表**

客戶：________________________________

潛在客戶的姓名：____________　職位：____________

行業類別：

已經明確的需求(或潛在需求)：

這一客戶的背景信息(陌生拜訪電話中通常用到的信息)：

打電話前的計劃

1. 電話預約目標：

2. 此次電話預約具有吸引力的業務內容：

3. 調查問題：

4. 銷售信息：

5. 可能的反對和回應：

6. 預約請求：

### 材料四　預約角色表演：觀察者指南

| 是 | 否 | 行動 | 評價 |
|---|---|---|---|
| ☐ | ☐ | 1. 對著電話微笑 | |
| ☐ | ☐ | 2. 表明自己的身份和所在的公司 | |
| ☐ | ☐ | 3. 建立信任 | |
| ☐ | ☐ | 4. 給出此次電話預約具有吸引力的業務內容 | |
| ☐ | ☐ | 5. 提出調查的問題 | |
| ☐ | ☐ | 6. 利用優勢傳達銷售信息 | |
| ☐ | ☐ | 7. 提出預約請求 | |
| ☐ | ☐ | 8. 化解反對 | |
| ☐ | ☐ | 9. 確認預約 | |
| ☐ | ☐ | 10. 表達感謝 | |
| ☐ | ☐ | 11. 友善地結束通話 | |

| 優勢 | 改進機會 |
|---|---|
| | |

## 遊戲討論

1. 作為潛在客戶，你學到了什麼？
2. 作為銷售員，你學到了什麼？
3. 作為觀察者，你學到了什麼？
4. 你的優勢是什麼？
5. 如何提高自己的效率？

銷售故事

## 金額細分法

金克拉曾推銷過廚房成套設備，成套炊事用具，其中最主要的製品就是鍋。這種鍋是不鏽鋼的，為了導熱均勻，鍋的中央部份設計得較厚，金克拉曾說服一名警官用殺傷力很強的四五口徑的手槍對準它射擊，子彈竟然沒在鍋上留下任何痕跡。當金克拉推銷時，顧客經常表示異議：「價錢太貴了。」

「先生，您認為貴多少呢？」

對方也許回答說：「貴 200 美元吧。」

這時，金克拉就在隨身帶的記錄紙上寫下「200 元」。然後就又問：「先生，您認為這鍋能使用多少年呢？」

「大概是永久性的吧。」

「那您確實想用 10 年、15 年、20 年、30 年嗎？」

「這口鍋經久耐用是沒有問題的嘛。」

「那麼，以最短的 10 年為例來說，作為顧客來看，這種鍋每年貴 20 美元，是這樣的嗎？」

「嗯，是這樣的。」

「假定每年是 20 美元，那每個月是多少錢呢？」金克拉邊說邊在紙上寫下了算式。

「如果那樣的話，每月就是 1 美元 75 美分。」

「是的。可您的夫人一天要做幾頓飯呢？」

「一天要做二三回吧。」

「好，一天只按二回算，那您家中一個月就要做 60 回飯！

如果這樣，即使這套極好的鍋每月平均貴上 1 美元 75 美分，和市場上賣的品質最好的成套鍋相比，做一次飯也貴不了三美分，這樣算就不算太貴了。」

金克拉總是一邊說一邊把數字寫在紙上，並讓顧客參與計算。

這種方法是對待顧客提出的價格異議的最有效的一種辦法。

# 7 你學到了什麼

遊戲時間：每位參與者 5 分鐘

## 遊戲簡介

在銷售過程中屢次遭受拒絕，並不丟臉，該遊戲提升銷售人員心理承受能力，使其認識到：要銷售成功先從拒絕開始。

## 遊戲主旨

此遊戲旨在幫助受訓學員提高對銷售拒絕的進一步認識。

## 遊戲步驟

1. 作為一項集中性訓練，要求參與者：

(1)思考總結他們沒有接受訓練之前從事銷售的方法。

⑵作為訓練結果，他們計劃做那方面的改變，參與者深入反思這個問題。

2. 要求每位參與者回答以下問題：「作為在訓練中的學習結果，我準備失去＿＿＿＿＿＿＿＿。」

例如：「我不再恐懼冷冰冰的電話。」

「我改變不敢聘請律師的行為。」

3. 環繞教室，並利用上面的問題作總結性練習。

## 遊戲討論

1. 通過總結主要損失的方式結束訓練。

2. 鼓勵參與者不要再去「追尋」或「挽回」他們的損失，而更應該關注他們得到了什麼。

銷售故事

### 割草男孩的故事

一個割草打工的男孩打電話給一位陳太太說：「請問，您需不需要割草？」

陳太太回答說：「不需要了，我已有了割草工。」

男孩又說：「我會幫您拔掉花叢中的雜草。」

陳太太回答：「我的割草工也做了。」

男孩又說：「我會幫您把草與走道的四週割齊。」

陳太太說：「我請的那人也已做了，謝謝你，我不需要新的割草工人。」

男孩便掛了電話，此時男孩的室友問他說：「你不是就在陳太太那割草打工嗎？為什麼還要打這電話？」

男孩說：「我只是想知道我做得有多好！」

只有不斷地探詢客戶的評價，你才有可能知道自己的長處與短處。

## 8 如何贏得客戶

遊戲時間：不限

### 遊戲簡介

贏得客戶遊戲考察的是團隊成員「贏得客戶」的能力，遊戲中的「客戶」和現實中的客戶一樣，都需要我們用心對待，並且，與團隊協作才能更好地贏得客戶的青睞。這個遊戲看似簡單，將遊戲道具與「客戶」的結合使完成任務頗具挑戰性。

### 遊戲主旨

讓學員體會團隊共同完成任務時的合作精神，體會團隊是如何選擇計劃方案以及如何發揮所有人的長處的，感受團隊的創造力。

### 遊戲材料

小絨毛玩具、乒乓球、小塑膠方塊各 1 個(將以上材料裝在一隻不透明包裹)

## 遊戲步驟

1. 將學員分成幾個小組，每組不少於 8 人，以 10～12 人為最佳。

2. 培訓人員讓學員站成一個大圓圈，選其中的一個學員作為起點。

3. 培訓人員說明：我們每個小組是一個公司，現在我們公司來一位「客戶」(即絨毛玩具、乒乓球等)。它要在我們公司的各個部門都看一看，我們大家一定要接待好這個客戶，不能讓客戶掉到地下，一旦掉到地下，客戶就會很生氣，同時遊戲結束。

4.「客戶」巡迴規則如下：

A.「客戶」必須經過每個團隊成員的手遊戲才算完成。

B. 每個團隊成員不能將「客戶」傳到相鄰的學員手中。

C. 培訓人員將「客戶」交給第一位學員，同時開始計時。

D. 最後拿到「客戶」的學員將「客戶」拿給培訓人員，遊戲計時結束。

E. 3 個或 3 個以上學員不能同時接觸客戶。

F. 學員的目標是求速度最快化。

5. 培訓人員用一個「客戶」讓學員做一次練習，熟悉遊戲規則。真正開始後，培訓人員會依次將 3 個「客戶」從包中拿出來遞給第一位學員，所有「客戶」都被傳回培訓人員手中時遊戲結束。

6. 此遊戲可根據需要進行 3 至 4 次，每一次開始前讓小組自行決定用多少時間。培訓人員只需問「是否可以更快」即可。

## 遊戲討論

對客戶關懷備至，使客戶感受到自己受人重視，同時懂得與團隊成員相互配合，彌補不足，成員以統一的精神面貌面對客戶，才會贏得客戶的青睞。

1. 剛才的活動中，那些方面你們對自己感到滿意？
2. 剛才的活動中，那些方面覺得需要改進？
3. 這活動讓你們有什麼體會？

銷售故事

### 拒絕之後

有位很大度的保險行銷員，上門推銷保險時遭到客戶的拒絕，正要拎著公事包向門口走去，突然，他轉過身來，向客戶深深地鞠了一躬，說:「謝謝您，您讓我向成功又邁進了一步。」

客戶深感意外，心想：我把他拒絕得那麼乾脆，他怎麼還要感謝我呢？好奇心驅使他追出門去，叫住他問：「我拒絕了你，為什麼還要說謝謝？」

這位行銷員微笑著說:「我的主管告訴我，當我遭到 20 個人的拒絕時，下一個就會簽單了。您是拒絕我的第 19 個人，再多一個，我就成功了。所以，我當然要謝謝您，是您給了我一次機會，幫我加快了邁向成功的步伐。」

結果，客戶思考了片刻，買了一份保險。

銷售中遭到拒絕是很經常的事，推銷員絕不會因為遭到拒絕而喪失信心，反而能激發他的鬥志。

# 9 顧客在想什麼

遊戲時間：25 分鐘

## 遊戲簡介

本遊戲要求受訓學員辨識自己的糖果包與別人的有什麼不同之處，從而更深入地認識銷售對象——顧客。

## 遊戲主旨

對於顧客，不要只看其外表，而應深入瞭解內心真實想法，才能採取不同的銷售方式。

## 遊戲材料

糖果包若干。

## 遊戲步驟

1. 把全體學員分成 6 組。

2. 給所有的參與者分發糖果包。

3. 吩咐參與者不要打開包，只能從外部觀察。提問是不是所有的參與者都擁有同樣的糖果包(大多數人會說是)。

4. 讓參與者打開糖果包，倒出裏面裝的糖果，鼓勵他們發現包與包之間的差異(數量、顏色搭配、大小、形狀等等)。按組來討論這個問題，最後全體學員共同探討。

## 遊戲討論

讓全體學員進行下列討論：

⑴討論包與包之間的差別，在紙的左半部份列表。

⑵闡明從外表上看許多顧客都是一樣的，就像沒有打開的糖果包一樣。利用紙上列出的差異，與顧客的需要相鏈結，一些建議包括：

| 差異 | 總結 |
| --- | --- |
| 數量不同 | 企業的總體規模可能相似，但是內部的分工差別很大(財政、人力等方面)。 |
| 顏色搭配不同 | 企業之間的具體實施方案也不一樣，要經常小心這一點！ |
| 一些包比另外的含有更多品質不好的糖塊 | 顧客之間的品質要求有極大變化。 |

強調不能只根據外表就對顧客作出判斷。

## 心得欄 ------------------------------

------------------------------------------

------------------------------------------

------------------------------------------

------------------------------------------

------------------------------------------

銷售故事

## 禮物是不計價錢的

情人節的前幾天，一位推銷師去一客戶家推銷化妝品。這位推銷師當時並沒有意識到再過兩天就是情人節了。

男主人出來接待他，推銷師勸男主人為夫人買一套化妝品，男主人似乎對此挺感興趣，但一直沒有表達買或不買的意思。推銷師動員了好幾次，那人才說：「我太太不在家。」

這對推銷來說是一個不太妙的信號，再說下去可能就要失敗了。忽然，推銷師無意中看見不遠處街道拐角的鮮花店，門口的招牌上寫著：「送給『情人』的禮物——紅玫瑰」。這位推銷師靈機一動，馬上說道：「先生，『情人節』就要到了，不知您是否已經給您太太買了禮物。我覺得，如果您送一套化妝品給太太，她一定會非常高興。」

這位先生的神情有了變化。推銷師抓住時機又說：「每位先生都希望自己的太太是最漂亮的，我想您也不例外。」果然，那位先生同意地笑了，問多少錢。

就這樣，一套很貴的化妝品推銷出去了。後來，如法炮製，成功推銷出數套化妝品。

推銷要善於抓住客戶的心理，只有這樣才能無往而不利。

# 10 使顧客不安的問題

遊戲時間：50 分鐘

## 遊戲簡介

顧客掌握著大量幾乎銷售員都想知道的資訊。這項訓練利用全班的集體智慧，設計合適的提問方式，為受訓學員提供一個瞭解顧客購買商品資訊的機會。

## 遊戲主旨

該遊戲旨在幫助銷售員達到這個「瞭解顧客購買心理」的目的。

## 遊戲材料

活頁紙和鋼筆若干。

## 遊戲步驟

1. 在活頁紙上，寫下這樣的句子：「指向空白的問題——我想問卻不知如何問的問題。」例如：

⑴你買得起這件東西嗎？

⑵你的信譽好嗎？

⑶你真的是公司最後的決策者嗎？

努力提出一些類似的問題，你想知道的是如何成功地完成銷售工作。

2. 把全班分成幾個小組，給每個小組指定至少一個問題，讓他們討論提出這些問題的其他方式，並把討論的意見記錄在活頁紙上。討論結束後，把這些紙張貼在牆上。

3. 讓每個小組的負責人向全班陳述說明他們的提問方式。

4. 課程結束後，把所有的問題和建議的其他提問方式列印出來，分發給全體學員。

## 遊戲討論

組織全體討論以下問題：

1. 討論為什麼直接提問「指向空白」的問題，顧客會感到不安(因為這冒犯了他們的尊嚴)。

2. 緊接著最後一個陳述說明，強調指出是全班而不是一個人思考出問題的答案，以闡明：集體智慧總是比個人的冥思苦想能制定出更好的方案，鼓勵他們經常與同行舉行類似的活動。

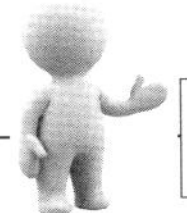

銷售故事

### 增減效應

有位心理學家做了這樣一次實驗：選取 80 名大學生，將他們平均分成 4 組，每一組的學生都有 7 次機會聽到某一同學(心理學家預先安排的)談有關對他們的評價。第一組為褒揚組，即 7 次評價只說優點不說缺點；第二組為貶抑組，即 7 次評價只說缺點不說優點；第三組為先貶後褒組，即前 4 次評價只說缺點，後 3 次評價則只說優點；第四組為先褒後貶組，即前 4 次評價只說優點，後 3 次評價則只說缺點。當 4 組學生都聽完對自己的評價後，心理學家要求他們說出各自對該同學的喜歡程度，結果最喜歡該同學的是先貶後褒組而不是褒揚組。

由此心理學家得出了這樣一個結論：人們最喜歡那些對自己的喜歡不斷增加的人，最不喜歡那些對自己的喜歡不斷減少的人。心理學家們將人際交往中的這種現象稱為增減效應。

符合增減效應的做法：①不要一次性地說出關於商品的所有信息；②抓住顧客「貪小便宜」的心理；③讓顧客明明白白感受到利益的增加。

# 11 你說了什麼

遊戲時間：20 分鐘

## 遊戲簡介

此遊戲要求受訓學員扮演聽者，通過對所聽到的話進行覆述的準確性，來判斷聽者的注意力是否都集中在講話者所講的每一句話上。

## 遊戲主旨

這項訓練旨在引起銷售人員的警覺性，即我們在與顧客的接觸中經常太急於考慮下一步要說什麼，而沒有注意顧客所說的內容，這是銷售中的一大忌諱。

## 遊戲材料

紙張、鋼筆或鉛筆若干。

## 遊戲步驟

1. 培訓師告訴參與者相互交流的一個重要方面就是傾聽另一個人的傾訴，然而傾聽並不意味著理解、明白。為了說明這一點，試做以下實驗。

2. 讓兩位志願者到教室的前面，站在大家前面。

3. 給他們分配工作。

第一個人大聲描述他/她早上開車上班所走的路線，一條街接著一條街地進行，不允許跳躍。例如：「我駛出社區的大門，沿著湖邊的公路向東行駛，接著……」諸如此類。

4. 第二個人盡可能大聲覆述那些開車時縈繞腦中的很多念頭，例如：「出發時想：在會議開始前記住一定要讓比爾在信中提出的建議得到通過。然後，我記得不得不去加油……」等等。

5. 允許他們正好 3 分鐘的時間來敍述。

6. 全班的人聽兩個人的敍述，但目標是努力理解和記憶第一個人早晨的上班路線。

7. 過 3 分鐘後，全班寫下第一條全班所走的路線。

8. 完成後，第一個人重覆描述他上班開車的路線，全班檢查他說的是否正確。

## 遊戲討論

讓受訓學員進行下列討論：

1. 多少人認清了正確的方向？

2. 多少人發現辨別方向很容易？多少人認為困難？

3. 第二個人的覆述是否干擾了你傾聽第一個人的敍述？

4. 能將由第二個人引起的干擾和我們與別人交流時頭腦中經常出現的喋喋不休的敍述聯繫起來嗎？

5. 在平靜頭腦方面，這告訴我們什麼，以便準確獲取我們正與之交流的那個人的資訊。

6. 為什麼在顧客面前我們會漫不經心呢？難道在他們說話的時候，我們不應該聚精會神嗎？

在參與者的回答中，找出這樣的答案：

1. 「我們的思路比別人說話的思路快，所以容易漫不經心。」

2. 「許多銷售員太注重於他們下一步要說什麼，以至於無法傾聽別人的談話！」

### 銷售故事

## 兩家小店

有兩家賣粥的早餐店，左邊這家和右邊那家的顧客每天相差不多，都是川流不息的。然而晚上結算的時候，左邊這家總是比右邊那家多出百十元來。天天如此。

有一天，小王走進了右邊那個粥店。服務小姐微笑著把他迎進去，給他盛好一碗粥。問他：「加不加雞蛋？」小王說加。

於是她給他加了一個雞蛋。每進來一個顧客，服務小姐都要問一句：「加不加雞蛋？」也有說加的，也有說不加的，大概各占一半。

另一天，小王走進左邊那個小店。服務小姐同樣微笑著把他迎進去，給他盛好一碗粥。問他：「加一個雞蛋，還是加兩個雞蛋？」他笑了，說；「加一個。」

再進來一個顧客，服務小姐又問一句：「加一個雞蛋還是加兩個雞蛋？」愛吃雞蛋的就要求加兩個，不愛吃的就要求加一個。也有要求不加的，但是很少。

一天下來，左邊這家小店就要比右邊那家多賣出很多個雞蛋。

# 12 年度最佳銷售員

遊戲時間：15 分鐘

## 遊戲簡介

在培訓遊戲中，銷售人員要「安排」頒獎典禮，以慶祝自己被授予「年度最佳銷售員」稱號。

## 遊戲主旨

本遊戲給銷售人員提供了一個設想其工作成功的機會，而讓管理者或者培訓師瞭解每個銷售人員的性格特點。

## 遊戲材料

供銷售人員使用的筆和紙。

## 遊戲步驟

1. 告訴銷售人員，他們剛被提名為「年度最佳銷售員」，他們的任務是安排為他們舉行的慶祝儀式。儀式沒有預算限制，但不得違反公司的規章制度。讓他們花 10 分鐘時間編寫計劃。

2. 鼓勵銷售人員創造性地思考，並且享受這個過程。這可是一個難得的好機會，他們可以安排自己「夢想中的慶祝儀式」。為幫助他們順利編寫，可提供以下事項作為參考：

⑴主題；

⑵地點；

⑶日期；

⑷活動內容；

⑸與會人數；

⑹節目單。

## 遊戲討論

在銷售人員完成計劃後，讓他們與大家分享自己的計劃。

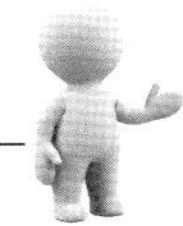

**銷售故事**

## 三個小販

有一位老太太每天都去菜市場買菜買水果，有一天早晨她提著籃子來到菜市場，準備買點李子回去。在菜市場她先後看了三個水果攤，這三個小販的服務態度都很好。

小販甲熱情地打招呼:「老大娘，我的李子又紅又甜又大，特別好吃。您要不要來點兒？」老太太仔細一看，果然如此，但是她卻搖搖頭，沒有買。

小販乙:「我的李子有大的、小的、酸的、甜的，你要什麼樣的？」老太太說要酸李子。小販乙說:「這一堆李子特酸，您嘗嘗？」老太太一咬，果然很酸，滿口的酸水，很高興，馬上買了一斤。

小販丙:「別人都買又甜又大的李子，你為什麼要買酸李子呢？」老太太說兒媳婦懷孕，想吃酸的。小販丙馬上讚揚老太太對兒媳婦好，買這麼多好吃的，肯定生個大胖小子。老太太聽了很高興。小販丙建議買些獼猴桃給孕婦補充維生素，老太太很高興地又買了一斤獼猴桃。小販丙接著說:「我天天在這裏擺攤，每天進的水果都是最新鮮的，下次就到我這裏來買，還能給您優惠。」老太太高興地答應了小販丙。

消費者的消費需求多種多樣，只要我們做一個有心人，善於對他們潛在的消費需求進行發掘，那麼，推銷冠軍的寶座就將觸手可及了。

探尋顧客需求的步驟：①透過提問獲取客戶的基本信息；

②透過縱深提問，找出需求背後的原因並挖掘顧客的深層次需求；③提一些能夠激發顧客需求的問題；④引導顧客對這些問題加以解決；⑤針對實際問題，為顧客提供一個行之有效的解決方案。

# 13 建立和諧的人際關係

遊戲時間：15 分鐘

## 遊戲簡介

閱讀一份關於銷售溝通的案例，在這個案例中員工有出色的表現。參與者須指出，為了能夠與顧客建立起一種高度和諧的關係，該案例中的銷售代表是如何做的。

## 遊戲主旨

讓受訓學員理解與客戶建立和諧關係的重要作用。

## 遊戲材料

複印資料如下，每人一份。

第一則　對話

杰瑞：(用友好的微笑和熱情的握手歡迎顧客到來)歡迎光臨！我叫杰瑞，能為您做點什麼嗎？

旅客亞歷山大：這是我從星期天的報紙上剪下來的一張從美國達拉斯飛往英國倫敦的雙程機票優惠券，票價 447 美元，是阿特拉斯航空公司的班機，我想查一下是不是別的航空公司的票價更優惠一些。我是環球村落航空公司的老乘客，要是他們的價格更低，就算機場稍微遠一點我也願意。

杰瑞：很高興您來這兒。請這邊坐，我很樂意為您查一下我們到倫敦的最低票價。哦，很遠啊！您準備什麼時候出行？

旅客亞歷山大：四月，大概 15 號左右。

杰瑞：這個時候到倫敦可真好極了！我來查一下環球村落航空公司，看看他們能提供什麼樣的機票，好啦，如果您在星期天、星期一或者星期二出行——也即是 16、17 或 18 號——並在這幾天返回的話，我們可以為您提供直飛到倫敦希斯羅機場的雙程機票，價格是 515 美元，這是我們的春季特價。您需要預訂一張嗎？我們可以為您保留 24 小時，在這段時間內，您隨時可以改變主意。這樣您會有充足的時間來思考那個方案最好。

旅客亞歷山大：什麼，515 美元？這比阿特拉斯航空公司的票價高多了，不過我還是願意選擇直飛，好吧，給我訂一張。我叫湯姆· 亞歷山大。

杰瑞：好的，希望這對您更適合。我可以為您預訂早上的航班，也可以訂晚上的。乘坐早上的航班，到倫敦的時候剛好夜幕降臨；如果乘坐晚上的航班，就第二天早上八點整到。您覺得那個更好呢，亞歷山大先生？

### 第二則　建立融洽關係的技巧

銷售代表在與顧客的每一次接觸中都有機會與他們建立起和諧關係。儘管在建立和諧關係方面並沒有絕對「正確」的公式，但下面這些簡單的技巧還是會很有幫助的：

1. 微笑。

2. 看著對方的眼睛。

3. 能夠叫出顧客的名字。

4. 多使用「請」和「謝謝」等禮貌用語。

5. 當不得不拒絕客戶的要求時，一定要把原因向客戶解釋清楚。

6. 對顧客的需要表示興趣。

7. 理解和尊重顧客的感情。

8. 讓顧客知道他有那些選擇。

## 遊戲步驟

1. 發給每位銷售人員一份第一則的資料，並要求他們仔細閱讀。

2. 與銷售人員一起評價第二則資料所列要點。然後把他們分成 2～3 人小組，以組為單位評判第一則的場景，並用下劃線標出該銷售代表為與顧客建立和諧關係所用的語句。

## 遊戲討論

評價每組的回答，並作適當討論。要求參與者在他們的工作台上保留一份第二則的資料，直到他們掌握同顧客建立和諧關係的技能為止。

銷售故事

### 兔子不打傘

一位女士在皮貨店裏挑選帽子：「這頂白色兔皮帽子我很喜歡，但不知道兔皮是否怕雨？」

店主回答：「當然不怕，您什麼時候見過打著雨傘的兔子？」

# 14 應對顧客的情緒

遊戲時間：30 分鐘

## 遊戲簡介

在遊戲中，讓銷售人員做產品介紹，另找一位參與者扮演顧客，並表現出預定的情緒。其他銷售人員則思考該怎樣來應對顧客的情緒。

## 遊戲主旨

本遊戲強調銷售人員應學會如何應對顧客的各種情緒。

## 遊戲材料

一幅活動掛圖，記號筆。

## 遊戲步驟

1. 討論顧客情緒在決定銷售介紹的效果方面所起的作用。讓銷售人員列出幾種可能影響銷售介紹效果的情緒，如懷疑、激動和冷淡等，並將它們寫在活動掛圖上。

2. 找幾名參與者扮演顧客，讓他們瀏覽活動掛圖並選一種情緒來表演。同時，請幾名參與者扮演銷售人員。

3. 讓每位銷售人員準備一個簡單的產品介紹。當銷售人員與顧客打招呼並開始產品介紹時，顧客應通過肢體語言、措辭和語氣來表現出自己的情緒。

4. 告訴顧客和銷售人員，可以採用活潑的方式讓他們自己的角色有趣一點，不需要過於正式、嚴肅。

5. 兩三分鐘後，停止產品介紹，問參與者下述問題：

⑴顧客表露的是什麼樣的情緒？

⑵顧客傳達這種情緒時是怎樣說、怎樣做的？

## 遊戲討論

在接下來的介紹中，考慮到顧客情緒，銷售人員應怎樣做？（例如，如果顧客心存懷疑，銷售人員則要為消除其疑慮提供相關說明。）

銷售故事

**產品展示工具**

一位顧客走入美容品商店，問一位業務員：「你們這兒的美容霜真的能使人永葆青春嗎？」

業務員眉頭一皺，拉過旁邊年輕的售貨小姐，大聲說：「媽，她居然不相信我們的美容效果，讓她看看你的皮膚。」

# 15 店員的21點

遊戲時間：不限

## 遊戲簡介

本比賽可用於提高某些商品的銷售額，如新系列、新產品、滯銷產品、促銷產品等。制定這些商品的銷售目標，達到目標的店員有權抽一張牌，手中的牌達到 21 點即可獲得小獎品。

## 遊戲主旨

制定需要改善銷售狀況的商品的銷售目標。店員每次達到目標後，從撲克牌中抽取一張，攢夠 21 點即可獲勝。

## 遊戲材料

一副撲克牌、小獎品。

## 遊戲步驟

1. 在店內巡視瞭解店員需要什麼牌。用一些語句來強化競爭意識，如「我敢打賭下一張就是你要的牌」。

2. 把撲克牌(A 和人頭 J，Q，K)放大後用來裝飾佈告板，放在儲藏室、休息室或辦公室等大家都看得到的地方。

3. 完成規定目標的店員可以抽取一張撲克牌。

4. 牌的點數合計為 21 點。

5. 每到 21 點後可上交撲克牌領取獎品。

6. 多餘的牌可以用於下一輪比賽。

7. 獲得 21 點的次數不受限制。

## 遊戲討論

1. 如果店員自己抽中 21 點：一張人頭(J，Q，K)加一張 A，可以額外獲得一份獎品。

2. 贏取 21 點次數最多的店員可以額外獲得一份獎品。

銷售故事

### 尋找客戶是推銷員的首要工作

威廉對某人說：「我近來生意特別好，主要是因為我每天跟著查理，就能找到我的客戶。」

「這是為什麼呢？」某人問道。

「查理走街串巷，賣一種專門清洗廚房污垢的清潔粉。兩天以後，我再沿著他走過的路去推銷另一種洗潔精，專門清洗用了他的清潔粉而留在手上的藍顏色。」

# 16 搶救商店退貨

遊戲時間：3～4 週

## 遊戲簡介

每次換貨成功，店員可以獲得積分：等價換貨可得 5 分，加錢換貨可得 10 分。如果原來售出商品的店員不能把退貨變成換貨，就要扣掉 2 分。店員按所得積分兌換獎品。

## 遊戲主旨

搶救退貨是個好方法，可以鼓勵店員把退貨變成換貨。比賽最佳舉辦時間是假期過後，因為這時候的退貨率常常比平時高。

## 遊戲材料

記分板、獎品清單、獎品。

## 遊戲步驟

1. 在商店會議上宣佈開展比賽，組織店員類比通常的退貨情景，探討可供換貨的商品，研究變退為換所需的銷售技巧。提醒店員，無論是否在進行比賽，都要以顧客的最大利益為保障來處理退貨。

2. 在儲藏室、休息室或辦公室等店員能看得到的地方擺放搶救退貨記分板，標明店員比賽期間的總積分。

3. 在儲藏室、休息室或辦公室陳列各種獎品，標出所需的積分數。

4. 比賽結束後，給店員一天左右的時間來挑選獎品。可以給每個店員發一張清單，列出獎品及對應的積分數。

5. 所有人都選好獎品後，舉行頒獎會，讓大家記住這個活動。

## 遊戲討論

1. 店員每天向商店管理層上報退貨和換貨情況。
2. 管理層核實後獎給店員積分。
3. 管理層用記分板列出每個店員的總積分。
4. 儘量讓原來售出商品的店員處理退貨。
5. 店員可使用積分自己挑選獎品。

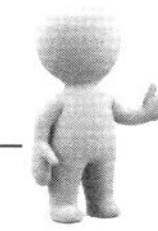

銷售故事

## 挖掘客戶的潛在需求

一次，英國和美國的兩家皮鞋工廠，各自派一名推銷員到太平洋上某個島嶼去開闢市場。兩個推銷員到達後的第二天，各給自己的工廠拍了一份電報。

一封電報是：「這座島上沒有人穿鞋子，我明天搭第一班飛機回去。」

另一份電報是：「好極了，我將駐紮此地，這個島上沒有一個人穿鞋子，這是一個潛力……」

# 17 店員的銷售金罐子

遊戲時間：一週

## 遊戲簡介

店員從多個抵達金罐子的路線中選擇一條。每條路線需要完成不同的銷售目標。第一個抵達的店員贏取金罐子裏的獎品。

## 遊戲主旨

店員達到銷售目標後有機會贏取現金或獎品。店員按照不同銷售部份的成績自己選擇抵達金罐子的路線。

## 遊戲材料

- 比賽板和金罐子；
- 店員標誌物；
- 獲勝者的獎品；
- 發給沿途完成任務的店員的小獎品。

## 遊戲步驟

1. 用佈告板做一個彩色賽板。用彩色圖畫紙繪製金罐子，或者是把賽板平鋪在桌子上，在中間的位置放一個真正的罐子。在罐子裏裝上發給獲勝者的獎品或現金。

2. 根據不同的銷售目標，設定幾條抵達金罐子的不同路線。每條路線上都有比賽期間要完成的各種目標，等距離分佈。目標可以是，對一個顧客的單筆銷售額達到 200 美元，當天單筆商品銷量達到 1.5 件，當天售出 5 件積壓商品。按照商店以往的平均銷售額，確定每個目標的難度值，在每條路線上設定相同數量的目標。

3. 設定一些障礙，失敗者要後退一步。障礙可以是上班遲到，或者顧客退貨等。

4. 每個店員都有自己的參賽標誌，如幸運草、小精靈等。店員把自己的照片貼到標誌旁。

5. 在某個節日前後舉辦比賽，按節日主題佈置商店。

## 遊戲討論

1. 比賽開始時，每個店員自己選擇路線。每條路線設有不同的銷售目標，鼓勵選手更接近終點(如向單個顧客銷售的商品數，超出一定量的單筆銷售額，銷售積壓商品等)。店員一旦選定路線，不能再進行更改。

2. 店員每次完成路線上的一個目標，就向金罐子的方向前進一步。比賽還可設定一些障礙，讓失敗者倒退一步。

3. 第一個抵達金罐子的店員獲得罐子裏的獎品。

銷售故事

## 懺悔創造永久的客戶

某人到教堂：神父，我……我有罪……

神父：說吧，我的孩子，有什麼事？

某人：第二次世界大戰時，我藏起了一個被納粹追捕的猶太人……

神父：這是好事啊，為什麼你覺得有罪呢？

某人：我把他藏在我家的地下室裏……而且……而且，我讓他每天交給我 1500 法郎作為租金……

神父：你就為這事懺悔？那……

某人：但是，我……我直到現在還沒告訴他，第二次世界大戰已經結束了！

# 18 店員抽大獎

遊戲時間：一週

## 遊戲簡介

用一個大比賽板列出銷售目標(單筆銷售額、單筆銷售量等)及每個目標對應的獎券數量，也可以用比賽板記錄每個店員獲得的獎券數目。獎券的一半在店員手中，另一半在抽獎的容器中。

## 遊戲主旨

本比賽可以用來提高銷售總額，獎勵銷售業績突出的店員，提供贏取大獎的機會，激勵店員做到最好。

## 遊戲材料

· 一捲打孔的獎券複印券；

· 貼有兩張清單的比賽板：不同的銷售目標及可獲的獎券數，店員的名字及所獲的獎券數；

· 用來裝抽獎券的大透明容器。

## 遊戲步驟

1. 把獎品展示出來，讓店員看得到，摸得著。
2. 確定每個人都知道抽大獎的時間。

3. 有人完成目標，贏了很多獎券的時候，要搖鈴或吹號，當眾宣佈。

4. 店員把各自獲得的獎券數目貼到賽板上自己的名字旁邊。

5. 抽獎前宣佈各級獎品是什麼。

6. 抽獎時獲勝者不需要在場。可以把得獎的獎券貼上，另選時間頒獎。

## 遊戲討論

1. 如果比賽進行得非常順利，店員都完成了目標，可以在小獎之外再設一個大獎。在比賽中宣佈增加獎品可以促進銷售，激發店員的動力。

2. 在某些獎券上隨機粘上金星。獲得帶金星的獎券可以當時兌換小獎：糖果、特別的鋼筆或鉛筆、曲奇餅乾等。帶金星的獎券可以和其他獎券一樣參與抽大獎。

# 19 找線索

遊戲時間：一天

## 遊戲簡介

店員利用線索猜出一個神秘物品或神秘人物的身份。每次完成一個特定銷售目標，即可獲得一個線索。第一個猜出謎底的人獲勝。

## 遊戲主旨

為店員設定銷售目標，店員每完成一個目標，就獲得一個線索。要獲得足夠的線索，解開這個謎才能贏取獎品。

## 遊戲材料

· 銷售目錄清單；

· 寫在紙條上的線索；

· 題板；

· 獎品。

## 遊戲步驟

1. 用發光物品和彩色問號來佈置容器，把線索放到裏面。

2. 在儲藏室或辦公室設置獎品線索板，記錄每輪比賽的結果，顯示獲勝者、神秘物品及獎品。

3. 用夏洛克·福爾摩斯(Sherlock Holmes)使用的帽子、煙斗、放大鏡等物品佈置儲藏室和辦公室。

4. 確定並公示當日銷售目標。

5. 選定神秘物品或神秘人物，把線索寫到小紙條上。店員每完成一個目標可以獲得一個線索。

6. 店員至少要完成一個目標，得到一個線索後才能進行競猜。

7. 要保持神秘感，店員不能彼此交流得到的線索。

8. 有人競猜成功即可獲得獎品。接著再開始新一輪的競猜。

線索設置：

**競猜喬治· 華盛頓所用的線索**

| | |
|---|---|
| 1.選舉產生的官員 | 14.非常重要的「父親」 |
| 2.誠實 | 15.在部隊 |
| 3.果樹 | 16.水瓶座 |
| 4.第一任 | 17.打造了特拉華州 |
| 5.拉什莫爾山(Mt Ruthmore) | 18.戴假髮 |
| 6.1美元 | 19.任職兩屆 |
| 7.弗吉穀(Valley Forge) | 20.政治家 |
| 8.砍樹 | 21.擁有否決權 |
| 9.將軍 | 22.假牙 |
| 10.有他的紀念碑 | 23.革命戰爭 |
| 11.5美分 | 24.極為有名 |
| 12.妻子瑪莎 | 25.兩次出席就職舞會 |
| 13.穿過特拉華州(Delaware) | |

## 遊戲討論

圍繞自己所在的行業、促銷活動或當時的時間選取神秘物品和線索。

# 20 記錄銷售成果

遊戲時間：不限

## 遊戲簡介

店員按照日銷售額向終點移動賽板上自己的比賽標記物，先到達終點者獲勝。

## 遊戲主旨

本比賽是速度比賽，可用有趣的方式記錄銷售成果。可以按照比賽主題安排比賽用品，進行賽場佈置，無論什麼形式的比賽(如賽馬、賽車、跑步等)都能讓店員始終保持高漲的熱情。

## 遊戲材料

· 賽板，用等值銷售額劃分賽道來表示當日銷售額；

· 選手標籤；

· 賽車模型；

· 獲勝者的現金或獎品。

## 遊戲步驟

1. 選定一種運動作為比賽主題(如賽車、賽馬等)，佈置相應的賽板，放在儲藏室、休息室或辦公室，設計合適的賽道(直道或者橢圓形跑道）和比賽標誌物（車、馬等）。

2. 務必把每個店員的照片貼到自己的標籤旁。這一點很重要，可以讓比賽體現選手個性。讓店員帶照片來，或者在店裏當場拍照。

3. 用信號旗、插旗、參賽車輛的海報、良種賽馬等佈置環境，總之，可以使用能找到的任何道具。

4. 佈置賽板，用標籤來代表店員。參照銷售額，在賽道上做出幾段標記，代表等量銷售額（如每段代表 200 美元或自定數目）。

5. 店員按照日均銷售額的多少，每天向終點方向移動自己的標籤。

6. 首先完成總銷售目標，抵達終點的店員獲勝。

## 遊戲討論

1. 除日銷售外，也可以設定銷售目標（如每天單筆平均銷售量或銷售一定數量的促銷商品），完成一個目標，標籤可向終點方向移動一格。

2. 設置讓人後移一格的懲罰辦法和讓人前進一格的獎勵措施。例如，用退貨、無故曠工等作為懲罰措施，用銷售滯銷商品、拉到回頭客作為獎勵標準。

# 21 反對意見

遊戲時間：10 分鐘

## 遊戲簡介

反對意見是銷售人員在銷售中經常聽到的聲音，本遊戲針對這一項實施有趣的訓練。

## 遊戲主旨

為銷售人員提供了一個練習克服反對意見的機會。

## 遊戲材料

如下的複印表格，並沿線剪開，就會得到 10 張紙條，每張紙條上面都寫有一條反對意見。把寫有反對意見的紙條，放到一個盒子裏面。

| | |
|---|---|
| 我認識的其他人都沒有用這個產品 | 這不方便 |
| 沒它，我們也一樣可以 | 我認為沒有理由更換現在的供應商 |
| 我們不需要 | 我不喜歡這種顏色 |
| 這太浪費時間了 | 每一個人都必須要學習如何來使用它 |
| 這太貴了 | 我擔心它會很快過時 |

## 遊戲步驟

1. 培訓師解釋什麼是「反對意見」。詢問銷售人員從顧客那裏經常得到那些反對意見。

2. 告訴銷售人員，在這個遊戲中，他們將會練習克服一些常見的反對意見。選擇一項虛構的產品，遊戲將圍繞著這項虛構的產品來開展。

3. 銷售人員從盒子中一張張地取出寫有反對意見的紙條，並向全體人員宣讀，其他的參與者嘗試克服這些反對意見（回答可以不止一種）。

4. 遊戲開始之前，給團隊宣講下面這個例子：

銷售人員：這樣的話，比利，你打算什麼時候開始你的高爾夫課程？

顧　　客：哦，我不知道。收費看起來有點貴。況且我已經在打高爾夫球上花了相當多的錢。

銷售人員：我是這樣看的：你每次出去打球，技術都不過關，這可要多花不少錢。你何不把其中的一部份錢花在提高你的球技上呢？

顧　　客：有道理。好的，那就這樣定吧。

5. 如果還有時間，再玩一次遊戲，這次是圍繞你自己的產品，以及你的銷售人員經常碰到的反對意見來開展。

# 22 為成功而著裝

遊戲時間：15 分鐘

## 遊戲簡介

這個遊戲適合所有銷售人員。參與者根據人們的外表，審視自己的主觀看法和對別人的印象。然後討論根據銷售人員本身的外表，顧客可能會因此產生什麼印象。

## 遊戲主旨

增強受訓學員對自己著裝的重視，提高印象，為銷售成功增加籌碼。

## 遊戲材料

從雜誌或印刷品中挑選幾張人物照(每個小組至少需要 5 張)。照片應該盡可能廣泛地代表各種類型的人，但不要是名人或相識的人。

## 遊戲步驟

1. 把銷售人員分為若干小組，每組三四人，給每一個小組看幾張照片。讓他們僅僅根據照片中人物的外表，重點是穿著，討論對這些人的印象。

2. 大約 5 分鐘後，要求一些銷售人員簡短地說出各自小組對這些人的印象。隨後讓他們思考並討論根據他們自己的外表，顧客有可能會對他們(銷售人員)產生什麼印象。

## 遊戲討論

培訓師需要強調，這個遊戲目的不是爭論第一印象是否公允。銷售人員應關心他們的外表會對潛在的顧客留下什麼印象。

小提示：

1. 雜誌上的照片保存在檔夾中，以備日後之用。一看到雜誌中合適的照片，你就可以把它們添加到檔夾中。

2. 根據專家建議，職員應該經常穿得看起來比他們當前的工作級別高一個層次。這樣會給顧客和經理留下一個好的印象，並且有助於他們獲得升職的機會。

銷售故事

### 得寸進尺效應

得寸進尺效應源自美國社會心理學家弗裏得曼做的一個有趣的實驗：他讓助手去訪問 150 位家庭主婦，請求被訪問者答應將一個小招牌掛在窗戶上，有 100 位答應了。過了半個月，他讓助手再次登門，要求將一個又大又不美觀的招牌放在庭院內，並願意為此支付一些報酬。同時，還向以前沒有訪問過的 100 位家庭主婦提出同樣的要求。

結果同意放小招牌的主婦們有 55 人同意放大招牌，而新訪問的主婦只有 17 人同意，前者比後者高 3 倍。人們把這種心理現象叫做得寸進尺效應。

得寸進尺效應的運用方法：①透過小要求突破對方的防線；②讓別人主動滿足自己的要求；③善於尋找要求的附加值；④注重要求的合理性，讓人無法拒絕。

如果第一次你就向別人提出一個很大的要求，很可能會把對方嚇著，但是如果你慢慢地提出自己的小要求，待對方同意後再逐漸增加自己的附加條件，說不定會在不知不覺中達到自己的目的。一個聰明的推銷員往往就是利用這種方法達成交易的。

# 23 加強成員默契

遊戲時間：10 分鐘

## 遊戲簡介

本遊戲要求受訓學員向同伴表達一個單字或詞語，但只能用動作間接說出這個特定的單字或詞語。

## 遊戲主旨

加強團隊成員間的默契；鼓勵快速思考與迅速表達的能力。

## 遊戲材料

印刷資料(如下)。

1. 從 1,2,3 中任選一列。

2. 接下來把習語、地點、物品或人物描述給夥伴,但不要直接提到相關的詞。每一輪只有一分鐘,這樣做目的就是要你的夥伴盡可能多地猜中你描述的詞。

3. 每次你只能選擇跳過或是回答。

4. 一旦你的夥伴猜中了一個,你就可以讓他繼續猜下一個,直到一分鐘結束。

| 1. 活動 | 2. 人物 | 3. 事物 |
|---|---|---|
| 坐飛機 | 布　希 | 電視機 |
| 聊　天 | 居里夫人 | 艾菲爾鐵塔 |
| 吃西餐 | 毛澤東 | 數碼相機 |
| 化　妝 | 薩達姆 | 餅　乾 |
| 握　手 | 牛　頓 | 牙　膏 |
| 游　泳 | 蔣介石 | 煤氣爐 |
| 看電視 | 普　京 | 印表機 |
| 讀　書 | 李　白 | 載重卡車 |
| 打　字 | 馬克思 | 鑰匙環 |
| 看牙醫 | 米老鼠 | 螺絲刀 |
| 聽音樂 | 喬布斯 | 音　箱 |
| 騎自行車 | 愛因斯坦 | 煎　鍋 |

## 遊戲步驟

1. 將人員分成兩組。如果人數超過了 12 人,可視情況分成 4

個小組。接著，讓 A 隊對 B 隊，C 隊對 D 隊。

2. 讓每組選擇一名「發言人」。

3. 把遊戲材料發給每一組的發言人，同時決定由誰先來。各組的發言人有一分鐘的時間用盡可能多的詞語來表達那個特定詞的意思，但是不能直接提到那個詞(如果提到了那個詞，發言人就會出局)。

4. 一旦正確的詞被猜中之後，就可以進行下一個詞。可以跳過遇到的有困難的詞。每猜對一個詞，就會得兩分，輪換著來，每次一個組，並將得分寫在活動掛圖或黑板上。

5. 在每組完成 3 輪之後，總結得分，並給獲勝者頒佈發小獎品以示鼓勵，如一面錦旗或一張獎狀。

## 24 尋找雙方共同點

遊戲時間：18 分鐘

### 遊戲簡介

參加培訓的人將自己介紹給其他陌生人，並從那些陌生人身上找出三個共同之處。

### 遊戲主旨

建立友好關係；鍛鍊口頭表達能力。

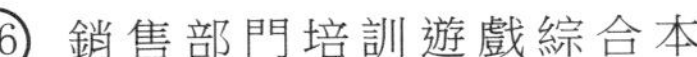

## 遊戲材料

活動掛圖。

## 遊戲步驟

1. 要求受訓學員在房內到處走動，彼此介紹自己，然後從所有人身上找出三個共同點。

2. 人員在 10 分鐘後，返回各自的座位。然後，依次詢問每個人所發現的共同點，直到問到他們的回答有重覆為止。

3. 如果有人發現找出三個共同點有些困難，培訓師可以從以下幾個方面進行引導：

(1)都在一起上課；(2)都是做銷售的；

(3)都在為同一家公司工作；(4)都住在同一個地區。

## 遊戲討論

進行一次簡短討論，對出現的問題要即時做好說明。

1. 你能很容易地發現這些共同點嗎？

2. 你問的問題屬於那一種類型？

3. 你認為這個訓練在培養友誼和同情心方面是否行之有效？

4. 在 10 分鐘以前，這些(或許)完全陌生的人留給你的感覺是什麼？

5. 如果你再做一次這樣的訓練，你會問什麼樣的問題？

在討論中要強調，建立信任和培養友誼的最快方式是讓他們感到你與他們有相似之處，這可以通過在雙方身上發現共同點來獲得。這也是訓練大眾演說家的一種很好的方法，因為這些演說家通常都能說出一些與觀眾有共同語言的東西。

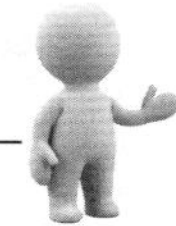

**銷售故事**

## 故事成交法

柴田和子是日本保險界的一位領軍人物，自從 1978 年第一次成為日本保險業冠軍之後，連續 16 年蟬聯日本第一。她之所以能取得如此不俗的成績，很重要的一個原因就在於她非常會講故事，而且她會根據不同的保險種類講述不同的故事。有一次在推銷少兒保險的時候，看到對方猶豫不決，她就講了這樣一個故事：有一個父親駕車到海邊去度假，結果在回家的途中不幸遭遇了車禍。當他被送往醫院進行急救的時候，卻一時找不到相同型號的血液，生命垂危，這時他的兒子勇敢地站了出來，提議將自己的血液輸給父親。經過搶救，父親擺脫危難，但是他醒來卻發現站在病床邊的兒子心事重重，就問他兒子為什麼不開心。他兒子小聲地問：「我什麼時候會死？」原來，這個小男孩兒在輸血前以為一個人如果將血輸出去，自己就會死掉，因此他在作決定前，就已經想好了用自己的生命來換取爸爸的生命。故事講完之後，她問客戶一個問題：「您看，做兒子的可以為了父母犧牲自己的生命，難道我們做父母的為了兒子的將來買一份保險，您都還要猶豫嗎？」

故事成交法的運用技巧：①準確瞭解顧客心理；②掌握講故事的恰當時機；③所講的故事要有針對性；④故事要娓娓道來，不能直奔主題。

# 25 說出產品特色

遊戲時間：15 分鐘

## 遊戲簡介

用拋球的方法來挑選參加此遊戲的人，鼓勵他們大聲說出所指定的產品或服務的特色和優點。

## 遊戲主旨

活躍氣氛，進行總結；測試知識水準和理解力。

## 遊戲材料

皮球(軟質皮球尤佳)。

## 遊戲步驟

1. 當你將球扔給其中的某個人後，他在抓住球的同時要馬上指出產品和服務的一個特點，然後再把球回拋給你。接著，你把球再扔給下一個人，那個人在抓住球時也必須迅速說出與該特點相一致的優點。超過 10 秒鐘沒有說出來就屬於「超時」，他就得把球拋回來。當你拋球的時候，你要不斷地交替喊出「特色」和「優點」。

2. 指定一個產品或一項服務。

3. 開始訓練。

4. 不斷地拋球，直到大多數人至少抓住過兩到三次。你可以通過增快節奏來增加難度。

## 26 投紙團

遊戲時間：20 分鐘

### 遊戲簡介

以團隊的形式開展，為每個團隊指定一個投擲區域，參與者投擲紙團。

### 遊戲主旨

幫助參與者設定具有挑戰性卻能實現的目標，制定利用團隊資源和智慧可以實現的計劃。

### 遊戲材料

紙簍、紙張若干。

### 遊戲步驟

1. 這一活動是以 4～6 人的團隊的形式開展的。每個團隊需要一個圓形紙簍、100 張廢紙。

2. 為每個團隊指定一個投擲區域，把紙簍放在靠牆處，並在距離紙簍 10～12 英尺(1 英尺＝30.48 釐米)的地板上貼上一條 10 英寸(1 英寸＝2.54 釐米)長的不透光膠紙。確保每個團隊都有足夠大的投擲區，每個團隊的膠紙與紙簍的距離要一致。

3. 將參與者分成 4～6 人的團隊。

4. 分發材料一和材料二，查看活動規則。

5. 給大家 10 分鐘時間設定目標。在這段時間裏，參與者可以練習投擲，並嘗試不同的投擲技巧。

6. 設定目標後，每個團隊必須以書面形式提交他們的目標。團隊目標是保密的。

7. 開始兩分鐘的競賽，一定要確保大家都嚴格遵守規則。

8. 兩分鐘後，停止競賽，指導團隊清點紙簍中的紙團數量，並計算得分。

9. 當參與者完成材料一時，核實一下團隊的分數，宣佈獲勝者。

10. 宣佈獲勝者，並就相關問題展開討論。

說明和調整：

1. 在競賽開始之前，一定要明確所有的規則，並回答所有參與者的問題。

2. 為了提升活動的競爭水準，給獲勝的團隊頒發獎品，並且在競賽之前公佈每個小組的目標。

材料一　練習投紙團

說明：

投紙團是一種團隊競賽，它需要天賦、目標設定、回饋和強化。團隊選擇一個指定的投擲者向紙簍裏投擲紙團。投擲者要蒙住眼睛，面向紙簍，因此，他們必須依靠隊友的指導和回饋。

規則：

1. 每個團隊有 10 分鐘的時間選擇一個指定的投擲者，並設定目標。

得分最多的團隊獲勝。評分規則如下：

· 每扔進一個紙團得 2 分。

· 超出目標的，每多投一個紙團得 1 分。

· 如果達不到目標，少一個紙團減 1 分。

例如：

| | 目標 | 實際 | 分數 |
|---|---|---|---|
| 團隊 A | 10 | 11 | 21 |
| 團隊 B | 10 | 9 | 17 |

2. 在競賽之前，必須把目標寫在工作表上。

3. 在競賽中，所有的團隊都同時開始，同時結束，蜂鳴器響過之後就不允許再投擲。

4. 投擲開始之前不允許準備紙團。在設定目標期間用的紙團不能在競賽中使用。

5. 團隊成員不能在身體上支持投擲者(如移動紙簍、補籃等)。他們可以提供回饋，並為投擲者準備紙團。

6. 在競賽結束時，團隊計數投進的紙團數，並計算他們的總得分。

7. 分數記錄在工作表上，並由官方核實。

**材料二　投紙團工作表**

團隊：________________________________

投擲者：______________________________

| 目標 | 實際 | 分數 |
|---|---|---|
| | | |

## 遊戲討論

1. 什麼因素對你們團隊的表現有幫助？
2. 什麼因素妨礙了你們團隊的表現？
3. 你們如何才能改進團隊的表現？
4. 這一活動與你們的工作有什麼聯繫？

# 27 為何不能達成交易

遊戲時間：40 分鐘

## 遊戲簡介

參加培訓的人員以小組形式，對那些招致不能實現交易的問題，找出各種解決方案。

## 遊戲主旨

產生主意和拓展想法；討論達成交易的關鍵技巧；進行自我分

析。

## 遊戲材料

活動掛圖。

## 遊戲步驟

1. 強調培訓目標，介紹培訓內容。

2. 這是一種非常高效的培訓方式，它能使你與組內的人員共享那些具有豐富經驗的成功銷售人員所具有的知識、想法和專業技能。

3. 將下面的問題寫在活動掛圖上，大聲讀給受訓學員聽，並讓他們寫下來。

⑴是什麼原因促使銷售人員不能要求顧客訂貨，或者達成交易呢？

⑵達成交易之後，你是怎樣沒有使顧客產生被「賣給」的感覺，而相反使其感到是自己期望「購買」的？

4. 把所有人員分成幾個小組，比較理想的做法是在不同的房間內進行討論，所需時間最少是 20 分鐘。

## 遊戲討論

1. 要求受訓學員對討論的主要結果進行總結，並思考他們作為銷售人員的意義。必要時可延長時間。

2. 讓每組選一個人，讓他來陳述本組的主要討論結果。

請培訓人員解釋為什麼有些銷售人員不能完成交易：

⑴不知道顧客的真實需求；

⑵不知道如何來完成交易；

⑶不知道何時來完成交易；銷售人員沒有覺察到顧客的購買信號；

⑷出於善意，過於友好，不想使顧客為難；

⑸操之過急；

⑹害怕遭到拒絕。

# 28 為何不利用電話

遊戲時間：45 分鐘

## 遊戲簡介

本遊戲以小組方式進行，檢討為什麼銷售人員總是避免或勉強進行電話銷售。

## 遊戲主旨

透過電話銷售進行自我分析，探討銷售人員在電話銷售時遭受拒絕的原因，並尋求解決方案。

## 遊戲材料

提供的印刷材料(如下)、活動掛圖。

## 銷售員為何不善用電話

1. 自信心不夠強

· 沒有將銷售的成功與自己的期望聯繫起來

· 過分重視對方(或冷淡電話)

· 認為電話銷售「不夠專業」或意義不大

· 認為自我形象不好，或沒有把自己看作銷售人員

· 由於敏感或某個人的態度而猶豫不決

· 涉及太多感情因素——自己首先已經拒絕自己了

· 缺少他人的支持，以至感到自我動力不足

2. 專業技能水準不高

· 喜歡面對面的交談或接觸

· 缺少使用電話銷售的技巧

· 感到用電話聯繫比較困難

· 事先沒有準備，缺少聯繫名單

· 對潛在的優勢或成功頻率意識不夠

3. 安排不當

· 精力被分散到一些不重要的領域，如文書工作

· 過多的準備和計劃工作，但沒有足夠的行動

· 過於複雜的過程——太多的專業用語，等等

· 沒有建立對所打電話的跟蹤和進一步服務的體系

4. 採取消極的態度

· 一些消極態度，如「沒有人會感興趣……」之類

· 對打擾別人感到不舒服

· 難以專注於電話交談

· 總是尋找藉口，從沒有檢討過是什麼原因

## 遊戲步驟

1. 首先，詢問受訓學員在電話銷售時是否經歷過「冷淡電話」的情形。在電話銷售時，顧客常常假稱自己正在寫信或正忙於其他事情，總之他們儘量避免在電話中給予回覆。

告訴受訓者，從統計學的角度來看，任何一次電話都可能促成交易——即使是那些「不成功」的電話。

2. 將所有人員按兩人一組分開，然後分發印刷材料，要求每組用 20 分鐘時間討論材料中的要點。

## 遊戲討論

1. 等 15 分鐘後或大多數人都完成之後，讓每組依次總結對每個問題的回答。然後將這些回答都寫在活動掛圖上，進行全體討論，並總結出相關問題的原因。

下面是一些人們為什麼不喜歡打電話的原因，你會發現下面的要點對於激發討論是有用處的。

· 害怕或焦慮

· 不知道如何做或缺乏技能

· 沒有準備或沒有充足的時間

· 沒有動力或沒有設定清楚的銷售目標

· 不喜歡使用電話

· 以前使用過這種方法但總是失敗

· 受主管人員的脅迫

〈用以改進或克服「冷淡電話病」的方法〉

· 增強電話銷售的技巧

· 列出工作要點

· 獲得過去的助手和秘書的幫助

· 做電話記錄

· 規劃自己的時間，管理自己的行為

· 制定每天或每週應打冷淡電話的目標，並進行相關討論

· 去除焦慮，使打電話變得更加有趣

· 獲得激勵(怎樣激勵？誰來激勵？)

2. 在按兩人一組分組後，要求每組找出一兩個不願打電話的主要原因，並為每個原因找出三個解決方法。

3. 在 10 分鐘後，集合各組，請每組輪流陳述他們的解決方案，並把他們的想法寫在活動掛圖上。

銷售故事

## 適度讓利，打開市場

眾所週知的美國宣傳奇才哈利，十五六歲時在一家馬戲團當童工，負責在馬戲場內叫賣小食品。不過每次看戲的人不多，買東西吃的人就更少。有一天，哈利突發奇想：向每一位買票的觀眾贈送一包花生，藉以吸引觀眾。但是老闆堅決不同意他這個荒唐的想法。哈利請求老闆讓他一試，並用自己微薄的薪資做擔保，承諾說，如果賠錢就從他的薪資裏面扣；如果贏利了，自己只拿一半。老闆這才勉強同意。於是，馬戲團的演出場地外以後每次就多了一個義務宣傳員：「來看馬戲嘍！買一張票免費贈送好吃的花生一包！」在哈利不停的叫賣聲中，觀眾比往常多了幾倍。

觀眾進場後，哈利又開始賣起飲料來，而絕大多數觀眾在吃完花生之後覺得口渴都會買上一瓶飲料。這樣一場馬戲下來，營業額比平常增加了十幾倍。其實，哈利在炒花生的時候加了少量的鹽，這樣花生更好吃了，而觀眾越吃越口渴，飲料自然就好賣得多了。

在美國某處有一塊不毛之地，主人覺得地皮擱在那裏沒用，就把地以極低的價格出售了。新主人買到地以後，跑到當地政府部門說：我有一塊地皮，我願意無償捐獻給政府，但我是一個教育救國論者，因此這塊地皮只能建一所大學。政府覺得很划算，當即就同意了。

於是，他把地皮的 2/3 捐給了政府。不久，一所頗具規模的大學就矗立在這塊不毛之地上。聰明的新主人，在剩下的 1/3 的土地上修建了學生公寓、餐廳、商場、酒吧、影劇院等，形成了大學門前的商業一條街。沒多久，地皮的損失就從商業街的贏利中賺了回來。

行銷有時要讓路而行。適當地向市場、顧客、政府讓利，透過讓利來拓展市場打開局面。有市場的時候，企業要能夠抓住市場；沒有市場時，企業要學會通過讓利來為自己創造市場。

# 29 〈成功銷售案例〉發表會

遊戲時間：40 分鐘

## 遊戲簡介

提供幾個成功的銷售故事，讓受訓學員從中明白促成成功銷售的因素，並從中獲得啟發。

## 遊戲主旨

讓受訓學員明白注重實力以及培養實力的方法。

## 遊戲材料

提供的印刷材料(如下)、活動掛圖。

挑選一個曾經(或目前)做得非常成功的一次銷售經歷，或一次非常出色的電話銷售經驗。

顧客：______________________________

銷售過程：__________________________

____________________________________

在另外一張紙上，以小組的形式，考慮下面的問題。隨後將你的分析結果與大家分享。

1. 認為顧客會與你保持進一步聯繫的原因是什麼？
2. 你認為是什麼原因促使你的電話銷售很成功，（或是什麼原因促使顧客購買你所提供的商品)？把你認為的理由列出來，儘量多列些理由，並在恰當的地方給出相關的細節和解釋。

3. 假如讓你重新銷售，你現在會採取與過去不同的什麼方式進行銷售？

4. 從這一次培訓活動中，你學到了那些對你未來的銷售有幫助的東西？

## 遊戲步驟

1. 先介紹幾個銷售故事。要求銷售人員運用自己的分析能力，從中發現為什麼銷售會成功，並從故事中總結出經驗教訓。

2. 分發材料，把受訓學員分成兩人一組，讓他們仔細回答所有問題，並要求每人都要用 12 分鐘的時間。

## 遊戲討論

1. 過 30 分鐘後，重新集合所有人員，讓每個人都對案例和結論進行評價，然後，讓每個人依次完成其中的四個問題。

2. 提問下面的問題，進行全體討論。在活動掛圖上寫下銷售人員應該注意的幾點問題：

⑴你學到的教訓或要點是什麼？

⑵採用這種方式對銷售進行分析容易嗎？

對促成銷售成功的各種因素和行動進行分析，是很有價值的，因為它可以讓我們知道什麼時候銷售會成功或會失敗，在培訓中，要注意不要總是誇誇其談，而應將注意力放到小組成員所描述的特定情景之中。

# 30 激發銷售意願

遊戲時間：35 分鐘

## 遊戲簡介

在本遊戲中，銷售人員將挑戰他們消極的銷售意識，此培訓遊戲特別適合那些初級銷售人員。

## 遊戲主旨

幫助受訓學員樹立積極的自我形象。

## 遊戲材料

提供的印刷材料(如下)、活動掛圖。

**積極的自我形象**

時常提醒自己，銷售對本公司經濟增長的重要性，這種自我暗示方法是非常有用的。這種做法有利於強化自己的銷售人員角色。

用些時間考慮下面的問題，然後回答這些問題。

1. 在你的公司中，銷售人員佔全部員工的比例是多少？(即相對每位銷售人員，你要同時僱用多少其他的人員。)

(1)＿＿＿＿＿＿＿＿＿＿＿＿＿＿＿＿＿＿＿＿＿＿

(2)＿＿＿＿＿＿＿＿＿＿＿＿＿＿＿＿＿＿＿＿＿＿

2. 列出你的顧客透過你購買商品而獲得的三項主要好處。

(1) ____________________

(2) ____________________

3. 列出你成為一名成功的銷售人員，你的公司可以從中得到的三項主要好處。

(1) ____________________

(2) ____________________

4. 列出當你成為一名成功的銷售人員後，你本身能得到的三項主要好處。

(1) ____________________

(2) ____________________

你在銷售過程中，是如何增加商品的價值的？並給出具體的例子。

(1) ____________________

(2) ____________________

如果沒有銷售人員，你的公司會有多少業務？

(1) ____________________

(2) ____________________

你喜歡顧客如何描述你呢？

(1) ____________________

(2) ____________________

8. 列出作為專業銷售人員，你最喜歡的三件事情：

(1) ____________________

(2) ____________________

9. 完成下面的句子：「一名專業銷售人員應該是……」

____________________

## 遊戲步驟

1. 首先，訓練師應詢問受訓學員：顧客對銷售人員的態度的典型反應是什麼？他們有可能會給出一個消極的答案，如「過分熱心」、「不可靠」、「花言巧語」。你需要鼓勵他們在本次培訓中，向傳統的、不受歡迎的銷售形象提出挑戰。

2. 在活動掛圖上寫：「直到銷售出產品，事情才會有意義。」

詢問受訓學員對此有什麼看法，以及是否同意這種說法。培訓師此時應解釋，在培訓中，受訓學員需將注意力放到銷售的重要性以及如何保持這種認識上面。這將幫助他們擁有一種積極的態度。同時，他們也應該把自己看作專業的銷售人員，並通過自己的努力和成就，讓顧客感到滿意。

3. 分發材料，要求兩人一組完成任務。

## 遊戲討論

15 分鐘後，集合所有人員。每次只提一個問題，看看受訓學員是如何回答的。同時，也要鼓勵他們共同討論。必要時，可以在活動掛圖上作些筆記。可以用下面一些問題來啟發討論：

1. 如果沒有各種類型的銷售人員，商業活動能否正常展開？

2. 在銷售中，如果你沒有與顧客進行初次接觸，並進一步聯繫他們，銷售訂單會自動來嗎？

3. 銷售是如何增加顧客的滿意度，並增加商品和服務的附加值的？

4. 以銷售為導向的團隊是發展迅速、充滿趣味的團隊嗎？

除了你期望受訓學員可能回答的答案，你還要準備好問題的示例答案。

如果一些受訓學員回答問題的方式很幽默，訓練師要留意到幽默背後的答案，這種比較輕鬆的處事態度，正是銷售得以成功的有效途徑。

這項培訓的主要目的是要讓他們意識到，自己的成功可以為顧客創造工作機會、利潤和價值。

銷售故事

## 讚美原則

一個脾氣暴躁的婦女到一個服裝店理論：她剛買的一條褲子沒穿幾天就破了一個洞，要求服裝店給予賠償。服裝店的導購對這條褲子的裂口進行了檢查，發現這個裂口是刮破的，因為上面還留有一些土屑和劃過的硬傷。經過推斷這名婦女是爬山時不小心刮破了褲子。這屬於人為損壞，和褲子品質無關，服裝店不負責賠償。不過導購沒有直接說明原因，而是讚美道：「您喜歡運動吧，您的身材可真好！」「是的，可是這條褲子……」婦女的情緒明顯緩和了下來。「您一定很喜歡爬山吧，對於我們女人來說，那可是高難度的運動，您真是了不起呢！」導購以一種崇拜的眼神看著婦女。「呵呵，那其實沒什麼的。上次我和朋友去爬山，不小心把褲子刮破了。」「是這樣啊，這屬於人為損壞，我們不能給您賠償，很抱歉！」導購一臉無奈地說。「我知道，我今天來只是想和你探討一下看有沒有辦法補救……」一場危機就此化解。

符合讚美原則的表現：①不急於否定顧客的觀點、想法；②設法找出顧客的優點；③恰到好處地讚美顧客；④讓顧客自己說出實情原委；⑤不和顧客產生正面衝突；⑥不和顧客站在情緒對立面。

# 31 設定目標

遊戲時間：55 分鐘

## 遊戲簡介

介紹目標的重要性，並教導目標設定方法和實施計劃，有助於銷售人員提升業績。

## 遊戲主旨

本遊戲的目的，在於鼓勵參加者確定個人或團隊的優先目標，並對如何實現這些優先目標發表意見。

## 遊戲材料

隨堂提供的印刷材料(如下)、活動掛圖。

## 如何設定你的目標

請將未來 1 年、2 年或 3 年中，你希望達成的目標列出來。

______________________________

______________________________

______________________________

列表時，既要包括商務或工作(銷售)目標，也要包括個人目標和家庭目標。總之，這個列表應該包括你希望達到的所有目標，不管它是大還是小。然後，完成下面的任務。

1. 檢查你的目標或「想法」列表，並在表中指出完成每個目標所需要的時間期限。

2. 重新看一下表，這次用下面的符號標記每個目標。

A——非常重要

B——重要

C——一般

3. 在下面列出你的三個頭等目標(在 A 類中)，並指出在接下來的 6～12 個月中，完成目標所需的具體期限。

(1)______________________________

(2)______________________________

(3)______________________________

現在，拿出頭等重要的三個 A 類目標，然後回答分發材料「設定目標——一張工作表」上的問題，並將答案詳細地寫在另外一張紙上。如果還有時間，還可以對其他 A 類目標、B 類和 C 類目標進行類似的分析。

## 遊戲步驟

1. 根據下面的任務分組練習。在活動掛圖上寫下問題，「你需要的是什麼？」。要求各組在 2 分鐘內把他們的需求列成表。

2. 2 分鐘後停下來，讓各組受訓學員清晰地說出自己想要得到的是什麼。此時，可仔細詢問其中一些有趣或幽默的想法。

同時，強調我們幾乎可以想要任何東西——供選擇的範圍非常廣泛。但首先我們必須決定自己想要什麼，這意味著要做出選擇，並學會放棄那些我們不需要的東西。

3. 通過提出下面的問題，引出設定目標這一主題。

⑴你以前有給自己設定目標嗎？

⑵你每隔多長時間設定一次目標？都寫下來了嗎？

⑶你的目標會改變嗎？

⑷你的各個目標之間會不會有衝突？你怎麼知道自己的真實需求？

⑸每個人都有自己的目標嗎？

⑹請指出實際的需要和設定具體目標之間有什麼區別？

〈資料〉

下面是目標設定時，人們普遍持有的觀點，相信它們會對你的討論有所幫助。

⑴你無法實現一個根本無法預見的目標。

⑵目標可以賦予你目的和重心，這是實現自我激勵的關鍵要素。

⑶那些令人興奮且有挑戰性的目標能幫助我們達到最佳境界。

⑷目標是一個受到認真對待的夢想。

(5) 如何設定目標是實現成功的關鍵技能，然而只有不到 5%的人把自己的目標寫下來。

(6) 設定目標後應該定期地回顧和檢查。

(7) 目標應該是精明的(Smart)，即應該是具體的(Specific)、可測量的(Measurable)、可實現的(Achievable)、實際的(Realistic)和有時效性的(Time-bounded)。

(8) 目標可以是短期的，也可以是長期的。

(9) 生活的各個方面我們都可以設定目標，如工作、家庭、朋友、個人和自我發展等)，它不僅僅只適用於金錢方面。

(10) 當實現目標後，會有一種成就感和滿足感。

4. 分發材料，要求受訓學員獨立完成，並讓他們詳細回答上面的每個問題，時間為 30 分鐘。

## 遊戲討論

30 分鐘後，重新集合人員，讓每個人評論一下他們的例子、意見、想法和結論。可以按下面的問題來引導討論。

1. 你的「想法」是否更清晰、更易實現？

2. 設置階段性目標是如何影響總體目標的？

人們一般不願意公開討論各自的目標，培訓師可以試著讓他們對培訓內容是否容易，是否有人從中發現了新奇的東西做自我總結，這對引導他們發現自己的目標是一種不錯的方法。

# 32 找出產品優點

遊戲時間：1 小時

## 遊戲簡介

在培訓遊戲中，受訓學員將圍繞著識別產品的特色、優勢和益處，開展討論。

## 遊戲主旨

提高受訓學員的表達能力、溝通能力。

## 遊戲材料

提供的印刷材料(資料如下)、活動掛圖。

**遊戲資料(一)**

· 特色(它是什麼)

· 優勢(它是用來做什麼的)

· 好處(它會給顧客帶來什麼好處)

· 「你」的吸引力(顧客先前所建立的對「你」的需求、願望和偏好)

· 使用過渡性的陳述語言，如：

——「產品的優點是……」

——「因此………」

——「它將給你提供……」

——「它給你帶來的好處是……」

遊戲資料（二）

畫一張列表，包括產品的特色，以及有可能在電話銷售或其他環境中用到的與產品相關的優勢和好處。

特色：

______________________________

優勢：

______________________________

好處：

______________________________

## 遊戲步驟

1. 首先，介紹本次培訓的目的，即瞭解某項產品或服務的優勢是什麼，以及如何就這些方面與顧客進行溝通。

2. 詢問受訓學員對產品特點和優勢的理解。每個人都可以給出自己的解釋。如果受訓學員對這個主題還不瞭解，那麼，可以對幾項常見產品或服務的特點或優勢進行討論。

培訓師可以把「特點」寫在左邊的活動掛圖上，然後讓參加的人員把能想到的優點寫在右邊的活動掛圖上。

3. 把參加培訓的人員分成 2～3 人的小組。然後分發材料，讓各組列出在銷售情景中會用到的 10 種特色，以及相關的優點和益處。

## 遊戲討論

回顧參加人員對特色、優點和益處所做的定義，並對那些過渡性的陳述進行討論。

集合所有人員，列出各種例子。培訓師可以用下面的問題來引導整個討論：

1. 如果銷售的是同質產品，你如何區分它們之間的差異？

2. 假如你面臨眾多產品和服務的選擇，並且這些產品和服務之間只有細微的差別，那麼，究竟是什麼原因促使你購買這種產品，而不是那種產品呢？

3. 你可以用什麼方式來贏得你的顧客？

在練習中，你所要掌握的是那種能夠區分產品的確切銷售利益。關鍵點是要清楚地瞭解這些利益的內容，並能夠按照個人特點和獨特需求對相關產品進行清晰的解說，保證顧客能夠獲得高品質和專業化的銷售服務非常關鍵，它常常是銷售成功的決定因素。

銷售故事

### 換位思考

一頭豬、一隻綿羊和一頭乳牛被關在一起。有一次，牧人來捉豬，它大聲嚎叫，猛烈地抗拒。綿羊和乳牛討厭它的嚎叫，便說：「他常常捉我們，我們並不大呼小叫。」豬聽了回答道：「捉你們和捉我完全是兩回事，他捉你們，只是要你們的毛和乳汁，但是捉住我，卻是要我的命啊！」

符合換位思考的表現：①站在顧客的立場說話；②瞭解顧

客心裏的感受；③對顧客表示同情、關懷；④盡最大能力幫助顧客挽回損失；⑤以顧客身份思考。

# 33 客戶為何反對購買

遊戲時間：38 分鐘

## 遊戲簡介

受訓學員以小組的形式，練習使用澄清、傾聽、同情、回答等方法處理購買過程中普遍出現的反對理由。

## 遊戲主旨

改善業務員溝通能力，加強人與人之間的交往技巧。

## 遊戲材料

提供的印刷材料(如下)、活動掛圖。

### 通常的反對理由

訓練的目的是瞭解那些在銷售中經常遇到的反對購買理由，以及如何克服它們的各種方法。

在所有拒絕購買的理由中，大致能歸結成五六種基本的理由。總結這些反對理由，並做出充分的準備，你就可以大幅提高你的銷售成功率。

1. 列出在銷售中遇到的幾種最普遍的反對購買理由。

(1)________________________________________

(2)________________________________________

(3)________________________________________

2. 對每一種反對理由，依次用下面的步驟來分析各種反對理由。

A. 澄清(Clarify)

那些問題能幫助你發現顧客所潛藏的關注？弄清楚顧客具體和實際的反對理由是什麼？

B. 傾聽(Listen)

怎樣傾聽顧客的反對理由？

C. 同情(Empathy)

那些說法能夠表現出你對反對理由的理解呢？

D. 回答(Answer)

你是如何解答顧客的反對理由的？通過在銷售中預先分析反對的特點和優點，並提前舉出相關的例子，可以使你在顧客提出反對意見時佔據有利的地位。

E. 消除懷疑/更新(Reassure/Recap)

3. 寫一個反對理由，看看自己是否能夠輕易地回答顧客的這種反對理由。

## 遊戲步驟

1. 向培訓人員介紹在銷售過程中所聽到的顧客反對購買的理由，並介紹本次培訓的內容。這些例子可來自銷售過程中的任何環節(例如安排約會，或者結束交易的時候)。

2. 在活動掛圖上，用一兩個詞對每個例子進行概括，並將相似或重覆的理由進行歸類。

3. 向受訓者解釋，何以 80%的反對理由可以歸結為五六個問題。

暗示受訓者，如果他們能在銷售前事先瞭解這些理由，並做好充分的準備，就可以極大地提高他們的銷售業績。雖然不見得所有的交易都能順利完成，但對其中相當部份的交易的確可以起到促進作用。

4. 將參加培訓的人員分成 2～3 人的小組，分發材料。培訓師可基於先前給出的反對理由，同全體人員迅速列舉各種例子。

5. 一個誠懇的反對理由反映了一種真誠的購買信號，這表示他對此感興趣。反對往往告訴你，可能你忽視了什麼東西，或者不知道究竟什麼對顧客才是最重要的。應當歡迎顧客的反對——但你要保持安靜，不要慌張。

## 遊戲討論

培訓過程中，還可以把受訓學員重新分成原來的小組，組員依次用各種角色，如銷售人員、顧客和旁觀者，扮演各種提出反對理由的情形，並在隨後的小組討論中總結新的發現。

根據以上例子以及他們對此的反應，要求受訓學員做一些筆記。可以用下面的問題來組織討論：

1. 在銷售中，你曾得到那種來自顧客的反對？

2. 你總是吃閉門羹嗎？

3. 能否提前預防顧客反對，或預先回答顧客的反對？

# 34 促成銷售交易

遊戲時間：35 分鐘

## 遊戲簡介

本遊戲中，將採用競爭性的腦力激盪法，產生一系列具有創造性促成銷售的方法。

## 遊戲主旨

激發想法；樹立自信；學習技巧。

## 遊戲材料

提供的印刷材料、活動掛圖。

〈資料〉

許多銷售人員在銷售過程中僅僅詢問一兩次交易督促的問題，但調查表明，成功的銷售往往需要 4～5 次的銷售結束垂詢。

在整個銷售過程中，你需要使用許多試探性的結束問題來把握銷售進程。你應盡可能多地想出一些銷售結束問題，不管它是多麼的稀奇古怪或與眾不同。可以具體到特定的產品、顧客或情景等，把它們逐條列出來。

1. ______________________________

2. ______________________________

3. ____________________

4. ____________________

## 促成銷售交易實例

1. 用現金還是支票支付？

2. 下星期一給你發貨可以嗎？

3. 你希望現在就拿走所有的 12 件產品，還是希望我們分段給您送貨呢？

4. 讓我核實一下那件商品的存貨情況，好嗎？

5. 如果能接受這個價格，我們可以送貨嗎？

6. 你願意使用自有資金還是使用我們的特別租賃條款呢？

7. 你想從我們的甜點車上選點什麼嗎？我能冒昧地請你品嘗廚師的特色菜嗎？

8. 好，還有什麼需要我幫忙嗎？

9. 它與你的臥室非常搭配，你不覺得嗎？

10. 你知道，就此價格而言，你找不到比這品質更好的產品了。……所以，我們是否可以下訂單了呢？

11. 我回去就把這份協議打出來，然後明天早上給你，你覺得怎麼樣？

12. 標準版的 1500 元，舒適版的 2200 元，豪華版的 3000 元，你喜歡那一種？

13. 我應該把入會時間定在什麼時候呢？

14. 我能記下送貨方式的細節嗎？

## 遊戲步驟

1. 培訓師要強調，大多數銷售人員經過一兩次結束交易的詢問即終止銷售，這樣是不妥的。調查顯示，大多數成功的銷售卻需要銷售人員經過 4～5 次的詢問方能最終結束。因此，在整個銷售過程中，你需要多次向顧客試探完成交易的設想，尤其是在銷售即將結束的時候，更需謹慎地提問。

2. 組織一個小組討論，列出不同類型的銷售結束時的問題，並舉出相關的例子。

3. 確保全體受訓學員熟悉「試探性銷售結束問題」的定義。

> 下面是各種類型的銷售結束問題的例子：
>
> · 那是你一直追求的嗎？
>
> · 你聽起來感覺怎麼樣？
>
> · 你能在那個基礎上繼續進行嗎？

4. 把全體受訓學員分成兩組，然後分發第一份材料。

5. 分發第一份材料，限時 20 分鐘完成。

## 遊戲討論

1. 培訓師可輪流在兩組之間提供一些建議，這有利於整個培訓的進行。

2. 20 分鐘後，每組進行簡短的小組總結後，讓他們讀出問題。你可以給那些列出問題最多的、想法很奇特或提出的問題具有創造性的小組頒發「獎品」。

3. 分發第二份材料，並對整個訓練做出總結，同時要求受訓學員對在培訓中沒有覆蓋到的任何問題做必要的記錄。你可以從整體上討論銷售中的結束問題，從而把訓練引向深入。

⑴你如何知道何時會結束交易呢？

⑵你是否曾經忘記提出結束問題，而顧客卻購買了你的商品呢？

⑶努力堅持與不受歡迎之間有什麼區別呢？

⑷你認為人們(包括自己)會做出購買決定嗎？

⑸為什麼人們會推遲購買商品呢？

這組討論允許參訓人員討論對他們重要的事情，他們也將從小組中學有所獲。一個完全的銷售技術和問題的討論，有助於銷售人員建立自信，並消除銷售過程中的障礙。

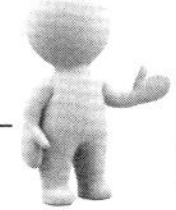

銷售故事

## 微笑原則

一位乘客要求空姐給他倒一杯水吃藥，但是空姐卻忘記了，遭到了乘客的抱怨。為了彌補自己的過失，在整個飛行過程中，空姐一共向這位乘客露出了12次的微笑，希望贏得乘客的諒解。最終，乘客被空姐感動，臨下飛機前，在留言本上寫了一封熱情洋溢的表揚信，並且還表示，下次如果有機會，還會乘坐這趟航班。空姐的微笑挽救了這趟航班的信譽，也挽救了自己的職業前途，更重要的是，她利用自己的微笑，很好地處理了乘客的抱怨。

符合微笑原則的表現：①不和顧客爭吵；②不做過多的解釋；③適當地沉默以對；④微笑、微笑、再微笑。

# 35 制定銷售計劃

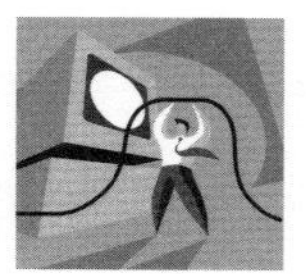

遊戲時間：35 分鐘

## 遊戲簡介

要求受訓學員完成一份「銷售管道計劃(Sales Pipeline Plan)」，以幫助他們預測未來短期內的業務活動。

## 遊戲主旨

本遊戲旨在提高銷售人員理解能力、和預測銷售能力。

## 遊戲材料

提供的印刷材料、活動掛圖。受訓學員需要做出對當前情況和當前客戶(即在將來 1～3 個月內，有希望購買商品的那些顧客)的展望。

請按預測的最好前景或收入，完成下面的表格。

| 客戶名稱 | 銷售內容 | 說　　明 |
|---|---|---|
| 達伯森公司 | 維修影印機<br>更新傳真機 | |
| …… | | |

## 遊戲步驟

1. 培訓師介紹培訓內容，提問參訓人員在月銷售中是否有過「過山車」效應？即，某個月的業績良好，呈現「上升」勢頭，而另一個月則業績滑坡，呈現「下降」勢頭。接著，可在活動掛圖上畫一張正弦曲線圖。(你會發現公司或部門的銷售業績都符合這種情況。)

2. 利用下列提問，簡短地討論一下為什麼受訓學員認為會發生這種情形？

⑴它將如何影響你的銷售佣金呢？

⑵它將如何影響公司的現金流動呢？

⑶它對存貨水準以及銷售計劃會造成什麼樣的結果呢？

3. 然後，培訓師解釋這個訓練的目的是為了使銷售曲線變得平滑，從而使整體的銷售過程協調一致，穩步增長。

4. 分發所提供的印刷材料，要求受訓學員獨立進行，制定三個月的銷售安排計劃，內容盡可能詳盡。限時 20 分鐘。

## 遊戲討論

20 分鐘後，把受訓學員分組，讓其自行討論所遇到的任何情形或狀況。組中的每個成員都要確保對方的銷售安排切合實際，且措施得當。

如果受訓者沒有預先準備好銷售規劃，培訓師可以將這個訓練延期 30 天，這樣，銷售人員在這 30 天內就可以依據記憶或日記來做好這項工作，在結束討論時，可以對比前後有何變化。

# 36 電話推銷

遊戲時間：30 分鐘

## 遊戲簡介

本遊戲是受訓學員總結出電話銷售中所用到的關鍵技能。

## 遊戲主旨

電話銷售是一種重要的銷售技能。此培訓活動旨在幫助銷售人員復習這一技巧，以提升自己的銷售水準。

## 遊戲材料

提供的印刷材料、活動掛圖。

### 電話推銷要點

T、電話響三聲(Three Rings)

應答電話最適宜的時間是電話鈴聲響 3 次。如果時間太短，會招致對方的警惕，而太長則會令人感到反感。

E、要充滿熱情和活力(Enthusiasm and Energy)

由於接電話的人看不到你的面部表情，所以，你只能用語調和語句同他交流。因此，你一定要使用簡短精煉的句子，並讓聲音充滿「彈性」，這樣就可以傳達你真誠幫助他的心情。

L、傾聽並要顯示出你正在聽(Listen and Show You Are

Listening)

這意味著你不但要問問題，而且還要總結談話的要點，以表明你已經理解了他的意思。同時，你還要使用規律性的「嗯」來表示你正在聽他說話。

E、發音清晰並斟酌詞句(Enunciate and Check Words)

對不清楚的詞句一定要進行核實，特別是遇到人名的時候。同時，也要確保你的發音乾脆、清晰，充滿節奏感。最好比你正常的語速稍微慢一些。

P、保持精確(Precision)

要確保自己記下精確的細節。不管你是留信還是核對一份訂單，你都要保證自己獲取完全的資訊。例如，他留下一個短信並要求回電，你就應該詢問一下何時回電對他比較方便。

H、通話保持鍵不要用它(Hold Button-Don′t Use It)

沒有人喜歡等，所以儘量不要用通話保持鍵，除非你不得不那樣做。即使這樣，你也應該確保時間不會超過 30 秒。另外，你應該爭取先給他回電話，這樣你就可以佔有主動權。

O、開放型的提問(Open Questions)

談話的人可以佔據交談的優勢，但提問的人卻能控制著談話。所以，在你回答完問題之後，應該立刻跟上另外一個問題。

N、記筆記，並把它讀給顧客聽(Notes-Take Them and Read Them back to the Customer)

我們中的大多數人都會在 3 分鐘交談完畢之後，又讓顧客重覆他們的名字——因為他們已經遺忘了。所以，在電話交談時，一定要不斷地記筆記，並向對方核實清楚其中的要點。

E、吃東西(Eating)

在一個對商業電話用戶的大型調查中發現，在打電話時他們最不喜歡的情形就是對方一邊吃喝、咀嚼或抽煙，一邊打電話。因為這些動作所發出的響聲都通過電話而被極度地放大了。

S、打完電話後要進行總結(Summarize at the End of the Call)

每次打完電話後，都要對所討論的和即將採取的行動進行總結。如果談話的內容很重要，或者是已預定好的約會，那麼，發一個簡短的傳真或郵件證實一下具體的細節，也是一種非常專業的做法。

## 遊戲步驟

1. 由培訓師介紹培訓內容，同全體人員一起閱讀和回顧概要中所提到的內容。

2. 分發印刷材料，說明這些材料來自於對成功的電話銷售人員的觀察和研究，以及對他們電話銷售技巧的分析。雖然參加培訓的人員都希望這些材料適應個人的風格和銷售情境，但他們會發現這些內容都能應用到他們實際的電話銷售中。

## 遊戲討論

1. 依次評論發下去的每一份材料，且每次只進行一項。培訓師在列舉自己的例子的同時，也要求參加培訓的人員列舉過去或現在的例子。在進行下一個主題時，要對當前的話題進行充分的討論，並提醒受訓學員做好筆記。

2. 在活動掛圖上，列出額外的建議或想法。

3.結束訓練時，既可以放映一段相關的錄影，也可以進行角色扮演遊戲。這種角色扮演遊戲，包括你和另外一名受訓學員，你可以扮演其中的銷售人員。

雖然這些要點都比較籠統，但它們都可以很容易地與你的工作環境和工作項目中的例子結合起來。

銷售故事

## 推銷離不開心靈的溫暖

有兩隻鴕鳥感到非常絕望，每次他們蹲坐在他們生下來的蛋上，他們身體的重量就把蛋壓碎了。

有一天，他們決定去向他們的父母請教，他們的雙親居住在大沙漠的另一處。

他們奔跑了無數個日夜，終於到達他們老母親的巢。

「媽媽，」他們說，「我們來向您請教該怎樣來孵我們的蛋，每次我們一坐在它們上邊，它們就破碎了。」

他們的母親聽完了他們的話，然後回答道：「你們應該用另一種溫暖。」

「那是什麼？」年輕的鴕鳥問道。

於是，他們的母親告訴他們：「那就是心靈的溫暖，你們應該以無限的愛望著你們的蛋，心裏想著它們每一個裏面細小的生命正在成長，你們的警覺和耐性會令他們醒來的。」

兩隻年輕的鴕鳥動身回家，當雌鳥生下一蛋，他們就滿懷愛心地守望著它，從不放鬆警惕。當他們兩個都精疲力竭之際，那隻蛋開始咯嗒咯嗒作響，裂了開來，一隻小鴕鳥把頭從蛋殼裏探出來了。

駝鳥用心靈的溫暖孕育出了小駝鳥，這就是愛的力量。

在推銷當中，身為一個推銷人員，你必須要熱愛你的生命、事業及顧客，讓愛由心而發，進而影響你的家庭、同胞，以及你的信仰和顧客。要想在推銷當中一舉命中目標，也必須具備「三愛」：愛你的公司、愛你的家、愛你的商品如愛你自己。用心靈的溫暖去感化顧客。

# 37 深入瞭解產品

遊戲時間：30 分鐘

## 遊戲簡介

這是一個有關產品的測驗，可以把它看成熱身訓練。它也經常用做結束課程時的能力測驗。

## 遊戲主旨

該遊戲旨在讓銷售人員瞭解到，銷售人員擁有豐富的產品知識，是銷售成功的利器。

## 遊戲材料

提供的印刷材料（如下）。

問題：

1. 公司最暢銷、最受歡迎的產品/服務是什麼？

回答：＿＿＿＿＿＿＿＿＿＿

＿＿＿＿＿＿＿＿＿＿

2. 公司最不受歡迎的產品/服務是什麼？

回答：＿＿＿＿＿＿＿＿＿＿

＿＿＿＿＿＿＿＿＿＿

3. 你最喜歡銷售的產品/提供的服務是什麼？並解釋原因。

回答：＿＿＿＿＿＿＿＿＿＿

＿＿＿＿＿＿＿＿＿＿

對問題 1 所得出的答案，請指出你認為它們得以成功的三個原因或因素：

＿＿＿＿＿＿＿＿＿＿

＿＿＿＿＿＿＿＿＿＿

## 遊戲步驟

1. 培訓師首先需要強調，瞭解自己所在的公司和產品，是專業銷售人員的兩項基本要求。

2. 然後，按照如下要點進行培訓：

⑴出色的產品知識會使你自信，也能讓你的推銷變得可信。

⑵熟知市場、競爭對手和顧客背景，是產品知識的一部份。

⑶出眾的產品知識，會使你在銷售中遊刃有餘。

⑷你必須經常性地研究產品和市場，以便積累經驗，這也是一種投資。

3. 分發材料，限定完成材料的時間為 15 分鐘。

### 遊戲討論

15 分鐘後，受訓學員交換試卷，對各自的回答進行比較。然後，輪流評論每個問題，並適時處理出現的各種問題。

## 38 瞭解自己的公司

遊戲時間：30 分鐘

### 遊戲簡介

本遊戲主要側重於測試受訓學員對自己公司的瞭解程度，這是一個有用的熱身訓練。

### 遊戲主旨

側重於培養受訓學員對各種知識的重視，以便增加自身在銷售中勝出的機會。

### 遊戲材料

提供的印刷材料。

〈資料〉

在另外一張紙上寫下你的答案。

問題：

1. 假設你正面對著一名顧客，請用 30 個字，描述一下你所在的公司。

2. 常務董事或首席執行官的名字是什麼？

3. 公司是何時成立的？

4. 公司最大的優勢是什麼？

5. 公司上個財政年度的營業額是多少？

6. 公司目前僱用了多少名員工？

7. 對顧客而言，對本公司那三個方面充滿興趣？

8. 你對公司印象最深的是那三點？

9. 公司最大的缺陷是什麼？

10. 為什麼顧客會購買貴公司的商品(而不是你們競爭對手的)呢？盡可能多地列出原因。

11. 你能說出：

⑴公司最暢銷的產品或產品品種是什麼？

⑵公司最大的顧客是誰(依據銷售額)？

⑶公司的首要競爭對手是誰？

12. 請說出貴公司的三個子公司或分支機構。

## 遊戲步驟

1. 培訓師首先要強調，瞭解自己所在的公司和產品的基礎性和重要性，然後介紹整個培訓內容。

2. 分發材料，限定完成的時間是 15 分鐘。

## 遊戲討論

15 分鐘後，受訓學員交換試卷，相互比較各自的回答。然後，輪流評論每個問題，並適時處理出現的各種問題。

培訓者可用下面的問題啟發討論：

⑴這樣做會給顧客帶來什麼好處？

⑵怎樣才能找到關於公司的更多資訊？提供資訊的管道是什麼？

你也可以用自己的一些具體問題來補充或更換這個標準測試中的問題，這時你須注意適當調整培訓的時間。

銷售故事

### 傾聽原則

一個顧客抱怨他剛買的電冰箱壞了，不僅打開冰箱門的時候燈不亮了，甚至連一點點的冷凍、冷藏效果都沒有。這個顧客一到商場，就開始大聲嚷嚷，怒氣衝衝。在瞭解了電冰箱的故障表現後，售貨員心中有數了，但是沒有說什麼，只是仔細地傾聽對方的抱怨。等到顧客抱怨得差不多的時候，售貨員非常小心地問顧客：「我想問一下，您家的冰箱通電了嗎？」顧客一愣，馬上打電話讓家人查看，問題正是出在沒有通電上。

傾聽，不僅是人際交往的技巧，也是應對顧客抱怨很好的技巧之一，如果銷售人員能好好加以運用，不僅能很好地應對顧客的抱怨，還能提高個人的銷售能力。

# 39 銷售員的提問技巧

遊戲時間：35 分鐘

## 遊戲簡介

這是有關提問技巧的訓練，它對介紹、總結和評論等內容非常有用。

## 遊戲主旨

自我分析；發展人際交往的能力。

## 遊戲材料

提供的印刷材料(如下)。

〈資料〉

問題：

1. 請列出在銷售交談中有可能用到的兩個開放型問題的例子。

(1)________________

(2)________________

2. 請列出在銷售電話中你有可能用到的「讓人告訴型」問題的例子。

(1)________________

(2)________________

3. 請列出在銷售電話中你有可能用到的兩個有關「硬性問題」的例子。

(1)______________________________

(2)______________________________

4. 請列出在銷售電話中你有可能用到的兩個有關「軟性問題」的例子。

(1)______________________________

(2)______________________________

5. 請列出在銷售電話中你有可能用到的兩個有關「困擾型問題」的例子

(1)______________________________

(2)______________________________

6. 請列出在銷售電話中你有可能用到的兩個有關「購買標準問題」的例子。

(1)______________________________

(2)______________________________

7. 請列出在銷售電話中你有可能用到的兩個有關「推理問題」的例子。

(1)______________________________

(2)______________________________

8. 請列出在銷售電話中你有可能用到的兩個「試探性結束問題」或「總結性問題」的例子。

(1)______________________________

(2)______________________________

## 遊戲步驟

分發材料，限定完成的時間為 15 分鐘。然後，討論下面的提問類型：

⑴讓人告訴型(Tell Me)——只能搜集到一般資訊，而且還經常不具體，如「請告訴我你所使用的車型」。

⑵硬性事實型(Hard Fact)——確認事實，如「你何時買的？」

⑶軟性事實型(Soft Fact)——可以收集更多的定性資訊，如「你喜歡(不喜歡)它那些方面呢？」

⑷問題困擾型(Disturbing Questions)——詢問相關的問題和含義，如「你還沒有更換過昂貴的汽車零件，是嗎？」

## 遊戲討論

10 分鐘後，讓大家評論每個問題，並即時處理出現的各種問題。

由兩名受訓學員在大家面前進行角色扮演，來演示他們的問題，用時 5～10 分鐘。扮演顧客的人應該刻畫出一個典型的、注重實際的顧客。在每場角色扮演完畢之後，都作一個簡短的討論，以強調在銷售過程中問題的重要性。

# 40 認識客戶的異議

遊戲時間：30 分鐘

## 遊戲簡介

這是一個有關異議處理的競爭性測驗，對業務員爭取訂單，非常有用。

## 遊戲主旨

自我分析；發展人際交往能力。

## 遊戲材料

提供的印刷材料(如下）。

**處理異議**

問題：

1. 當顧客向你提出一個誠懇的、具體的異議，這是一個真誠的購買信號，它表明顧客對你所提供的商品感興趣。

______________________________

______________________________

2. 在購買/銷售過程中，顧客異議將告訴你那些顧客狀態？

______________________________

______________________________

3.「銷售開始於顧客說『不』」。這句話是什麼意思？

4. 價格並不是真正的異議，你同意這種說法嗎？

5. 當遇到異議時，你的第一反應是什麼？

6.「條件」與異議之間的區別是什麼？

7.「真實的」異議和「虛假的」異議之間的區別是什麼？

8. 顧客對價格的異議向你傳達了什麼信號？

9. 顧客推遲購買或「想一想」，這種異議是向你傳達了什麼信號呢？

## 遊戲步驟

分發材料，限定完成的時間是 15 分鐘。

## 遊戲討論

15 分鐘後，受訓學員相互交換試卷，比較各自的回答，並適時處理出現的各種問題。

你也可以用自己的一些具體問題來補充或更換這個標準測試中的問題，這時要適當調整培訓的時間。

銷售故事

### 誰能豎起雞蛋

在 15 世紀，著名航海家哥倫布經歷千辛萬苦終於發現了新大陸。對於他的這個重大的發現，人們給予了很高的評價和榮譽。但也有人對此不以為然，認為這並沒有什麼了不起的。話中常流露出諷刺。

一次，哥倫布在朋友家中做客，談笑中又有人表示哥倫布發現新大陸沒什麼了不起，哥倫布聽了，只是淡淡一笑，並不與之爭辯。他起身到廚房拿出一個雞蛋對大家說：「誰能把這個雞蛋豎起來？」大家一哄而上，這個試試，那個試試，結果都豎不起來。「看我的。」哥倫布輕輕地把雞蛋的一頭敲破，雞蛋就豎起來了。「你把雞蛋敲破了，當然能夠豎起來呀！」人們不服氣地說。哥倫布意味深長地說：「現在你們看到我把雞蛋敲破了，才知道沒有什麼了不起，可是在這之前，你們怎麼誰都沒有想到呢？」那個諷刺哥倫布的人，臉一下子變得通紅。

行銷的創新與哥倫布豎雞蛋一樣，結果出來後人們都會評頭論足，但在這之前卻沒有人去突破。行銷其實很簡單，問題的關鍵是你能不能先於別人找到最佳的行銷方案去佔領市場。

# 41 強化銷售員的時間觀念

遊戲時間：30 分鐘

## 遊戲簡介

這個遊戲將考察良好的銷售時間管理所內含的關鍵要素。

## 遊戲主旨

讓受訓學員看重銷售時間的管理，以利於銷售工作的順利開展。

## 遊戲材料

印刷材料（如下）。

〈資料〉

填寫下面的問卷調查，圈選出你認為最合適的答案：

①從不，②偶然，③通常，④經常，⑤總是。

1. 我的一天是從回顧或制定今天的計劃開始。

選擇答案：1□　2□　3□　4□　5□

2. 我根據銷售結果能很容易地排定客戶的優先權。

選擇答案：1□　2□　3□　4□　5□

3. 我會花費時間預先進行計劃，並有規律地對我的電話和約會進行回顧。

選擇答案：1□ 2□ 3□ 4□ 5□

4. 我工作時，先從最不喜歡的開始。

選擇答案：1□ 2□ 3□ 4□ 5□

5. 我會避開瑣碎的任務。

選擇答案：1□ 2□ 3□ 4□ 5□

6. 我會避開別人的打擾，它們會浪費我的時間。

選擇答案：1□ 2□ 3□ 4□ 5□

7. 約會時我會提前到達，我能容忍行程被推遲。

選擇答案：1□ 2□ 3□ 4□ 5□

8. 當我正在搞銷售的時候，我不會浪費時間讀報紙或雜誌。

選擇答案：1□ 2□ 3□ 4□ 5□

9. 當我有空餘時間的時候，我會帶一些自己工作所需的東西。

選擇答案：1□ 2□ 3□ 4□ 5□

10. 我可以很容易就投身於工作。

選擇答案：1□ 2□ 3□ 4□ 5□

11. 有文書工作的時候，我就立即處理，並且遵守「只接觸一次紙」的原則。

選擇答案：1□ 2□ 3□ 4□ 5□

12. 我有一個條理清晰的銷售前景和銷售跟蹤系統，能夠記錄電話回訪情況和與顧客接觸情況。

選擇答案：1□ 2□ 3□ 4□ 5□

13. 我能及時做好銷售報告，並花時間對我的銷售結果進行階段性的分析。

選擇答案：1□ 2□ 3□ 4□ 5□

14. 我會盡可能把時間花在與顧客面對面的接觸中。

選擇答案：1□　2□　3□　4□　5□

15. 我會花時間接受培訓。

選擇答案：1□　2□　3□　4□　5□

16. 我感覺自己能夠控制好銷售規劃和工作安排。

選擇答案：1□　2□　3□　4□　5□

17. 我從不接受那些能輕鬆和容易完成的任務。

選擇答案：1□　2□　3□　4□　5□

18. 我經常有規律地設定和回顧自己那些有挑戰性的目標。

選擇答案：1□　2□　3□　4□　5□

19. 我打電話的頻率，高於銷售團隊的平均水準。

選擇答案：1□　2□　3□　4□　5□

20. 我每天或每週都有既定時間安排用於尋找新業務。

選擇答案：1□　2□　3□　4□　5□

得分：

當分數少於 30 分：你的時間管理需要改善。

分數在 30～60 分：基本還行，但在有些方面需要更多的自律。

分數 60 分或更多：你的時間管理方式可以推廣給其他銷售員了！

## 遊戲步驟

1. 培訓師介紹訓練內容，並強調充分利用我們的銷售時間並不是一件一勞永逸的事情，它需要不間斷的細微改進。為了賣出更多的產品，我們需要持續不斷地努力。

2. 分發材料，限定完成的時間是 15 分鐘。

## 遊戲討論

15 分鐘後，受訓學員相互交換試卷，比較各自的回答，看那些更接近實際操作。然後，輪流評論每個問題，並隨時處理培訓中出現的各種問題。

要求受訓學員評論他們的回答，並強調如下幾點內容：目前他們所做的具有極強時間管理特色的三件事情；他們可以進一步完善的三個方面；目前他們所做的可以立即優化時間管理和銷售活動的三件事情。

心得欄

# 42 最糟糕的銷售會談

遊戲時間：40 分鐘

## 遊戲簡介

受訓學員自我分析他們最糟糕的一次銷售會談的經歷。

## 遊戲主旨

自我反思，不斷提升自我的銷售能力。

## 遊戲材料

提供的印刷材料(如下)、活動掛圖。

〈資料〉

我最糟糕的一次銷售會談

我將怎樣運用這些知識來改進我的銷售技能：

1. ____________________

2. ____________________

其他需要執行的關鍵想法：

行動

1. ____________________

2. ____________________

何時/執行方式

---

---

## 遊戲步驟

1. 由培訓師介紹本次的訓練內容，各小組圍繞下面的問題進行簡短的小組討論，並把討論中的要點寫在活動掛圖上。

⑴你最近有沒有打過一次非常糟糕的銷售電話？

⑵在你的銷售電話中，你遇到的最壞的事情是什麼？

⑶為什麼有些事情在一種情況下表現得非常好，但在其他情況下卻表現較差呢？你能舉出這樣的例子嗎？

2. 在這個訓練中，受訓學員將回顧一次失敗的或艱難的銷售經歷，並盡力分析究竟是什麼原因造成了它的失敗，然後看看各組的回答是否有些共同之處。

3. 同時，培訓師應該強調這並不是一個使人感到羞愧或無能的訓練，受訓學員應該樂觀地看待它。此遊戲的目的在於讓我們能從中學到東西，並能在將來的銷售活動中得到應用。

4. 將所有人員分成 3～4 人的小組，並在活動掛圖上用大字寫上「我最糟糕的一次銷售會談」。然後由每組回憶他們曾有的一個「最糟糕的銷售會談」事例。此時受訓學員可以做些筆記，並思考一下它之所以失敗的理由，以及它對個人的特殊意義。

5. 15 分鐘後，由銷售人員依次講述他們最糟糕的銷售故事（每人限時最多 5 分鐘）。

6. 當銷售人員講述他們的經驗時，要細細體會其中的關鍵要素和能與大家分享的實質內容，並把它們寫在活動掛圖上。這些要素可能會是如下幾點：

· 沒掌握好產品知識

· 準備不足

· 缺少技巧

· 過於倉促

· 沒有傾聽

· 談的太多

· 顧客缺乏相應的資格

· 缺乏與顧客的親密聯繫

如果受訓學員只給出了一個模糊的概念，如「運氣問題」或「顧客不感興趣」，這時培訓師要進一步提問，盡力發現其中起作用的關鍵技能或行為。由受訓學員一步步地回顧他們的銷售體驗，是一種非常好的培訓方式。在操作的時候，注意讓受訓學員突出其關鍵因素。

7. 分發材料，請受訓學員列出一些積極的行動要點，以便他們可以將培訓中所學到的東西應用到將來的任務中去。

銷售故事

## 種樹留念的旅館

美國紐約州有一家三流旅館，一直以來生意都不怎麼好，老闆無計可施，只能準備關門了事。一天，老闆的一位朋友指著旅館後面一塊空曠的平地給他獻計。次日，只見旅館貼出了一張廣告，內容是：「親愛的顧客，您好！本旅館山后有一塊空地專門用於旅客種植紀念樹。如果您有興趣，不妨種下一棵樹。

本店為您拍照留念，樹上可留下木牌，刻上您的大名和種植日期。當您再度光臨本店的時候，小樹定已枝繁葉茂了。本店只收取樹苗費 20 美元。」廣告一打出去，立即吸引了不少顧客前來，一時間旅館應接不暇，生意紅火。

沒過多久，那片空地成了綠幽幽的樹林，旅客漫步其中，樹木蔥郁，十分愜意。那些種植的人更是念念不忘自己親手所植的小樹，經常專程來看望。一批旅客栽下了一批小樹，小樹長大又帶回一批回頭客，旅館自然也就顧客盈門了。

用顧客的感情去經營，為顧客積累了精神上的財富，為自己積累了物質上的財富。行銷不是簡單地賣產品，賣服務，更多的是賣感情，賣概念。一個好的行銷概念和行銷創意，往往能給企業的行銷業績帶來巨大的提升。

# 43 五項銷售技能

遊戲時間：30 分鐘

## 遊戲簡介

在本遊戲中，受訓學員將能確定一個成功的銷售人員所應具備的頂尖銷售技能。

## 遊戲主旨

銷售人員相互之間進行討論，分享觀點，並進行自我分析，從而提高銷售實力。

## 遊戲材料

活動掛圖。

## 遊戲步驟

1. 培訓師把下面的啟發性問題寫在活動掛圖上，並把它讀給全體受訓學員聽。

「作為銷售人員，為了不斷取得的成功，請按照重要性的先後順序，列出你認為非常必要的 5 項主要技能或品質，並請說明理由。」

2. 請受訓學員把這些文字寫下來。

3. 把受訓學員分成 5 人一小組進行討論，理想的做法是在不同的房間內進行討論。

4. 10 分鐘後，由每組選出的發言人代表各組陳述他們所討論的主要觀點。每組所用的時間大概是 8 分鐘。

# 44 怎麼賣回紋針

遊戲時間：35 分鐘

## 遊戲簡介

在這個培訓訓練中，將要求受訓學員把回紋針賣給培訓師。這也是一個非常好的訓練，它特別適用於那些沒有經驗的銷售人員。

## 遊戲主旨

目的是探索銷售人員在陳述產品的特色和優勢的技巧時，存在什麼樣的差異。

## 遊戲材料

回紋針、活動掛圖。

## 遊戲步驟

1. 在培訓剛開始的時候，不列出培訓目標或提供任何建議。培訓師把一個普通的回紋針給其中的一名受訓學員，然後要求他對這個回紋針做不少於一分鐘的銷售陳述。當他陳述結束之後，不做任何評論，把那個回紋針給另外一名銷售人員，作不同的銷售陳述。這樣重覆進行 5～6 次，在這期間不進行任何評論，也不回答受訓學員的提問，直到受訓學員對此感到好奇為止。

2. 大多數人在第一次參加這樣的培訓時，一般只會對回紋針進行簡單的描述，而不能說明它的用途。不過，如果其中的一名受訓學員談到了這一點，他對回紋針的優點和用途都進行了描述，培訓師也不要進行評論，只需繼續進行遊戲即可。這樣做的目的只是為了讓多數的受訓學員能夠「簡單地描述」這個回紋針，當然，其中也會出現一兩個「詳盡闡述產品特色」的陳述。

## 遊戲討論

1. 培訓師再強調，在實際的銷售中，大家不能僅僅說明產品是什麼，更重要的是說明它能夠做什麼。雖然這枚回紋針僅僅是一個彎曲的金屬絲！但是，它卻是世界上使用最廣泛、最不可缺少的產品之一。

2. 使用下面的問題鼓勵小組討論：

如果你是一名顧客，你希望得到那種銷售陳述：

⑴解釋產品是什麼；

⑵解釋了產品可以用來做什麼。

⑶如果你從來沒有見過這種產品，你會買它嗎？

⑷如果所有銷售人員賣的產品都很相似而且價格也很相近，你會從誰那兒購買呢？請說明你的理由。

3. 總結討論的要點，並把他們寫在活動掛圖上。這些要點可能包括：

⑴即使最簡單的商品也擁有很大的優勢。

⑵除非你把這些商品的優勢都給顧客講清楚，否則他們什麼也不會購買。

⑶有些東西，例如一個彎曲的金屬絲，它是什麼與它能做什麼

可能並沒有什麼聯繫，當然，與它作為一個產品能夠獲得成功可能也沒有什麼聯繫。

# 45 銷售改進的關鍵

遊戲時間：40 分鐘

## 遊戲簡介

在遊戲中，鼓勵受訓學員提出看法，他們認為自己應該對公司的產品或服務做出那三項關鍵的改進？

## 遊戲主旨

激勵受訓學員大膽的想像，讓他們分享彼此的觀點，並深入分析自我。

## 遊戲材料

活動掛圖。

## 遊戲步驟

1. 在活動掛圖上寫上下面的問題，並把它讀給全體人員聽。「如果你是經理，有權對公司的產品或銷售方式進行三項改進，那麼你準備做的這三件事情是什麼？」要求受訓學員把這三件事情寫下來。

2. 將受訓學員分成 3～8 人的小組，最好是在不同的房間進行討論。然後讓各組分別討論這個問題，並總結要點，同時也請他們考慮這樣做對銷售人員的意義。

## 遊戲討論

20 分鐘後，重新集合各組，由各組發言人闡述他們的主要觀點。最後讓全體人員進行討論。這個遊戲對於組內經驗不足的人員從經驗豐富的人員身上學到技巧很有幫助。這組培訓的另一個優勢是能給受訓學員提供相互交流和討論技巧的機會。

# 46 銷售 SWOT 分析手法

遊戲時間：35 分鐘

## 遊戲簡介

本遊戲是一種既簡單又高效的技術，它能使我們瞭解一個公司或產品在市場內的銷售機會。

## 遊戲主旨

讓受訓學員學會對銷售進行分析，以站在較高角度看待銷售中出現的問題或機會。

## 遊戲材料

提供的印刷材料(如下)、活動掛圖。

### SWOT 分析方法

優勢：這些是我們的優點。它們可能包括持久的特色，或僅僅是暫時的優勢。它們可能與下面的因素有關，如技術特色、產品品質、市場佔有率、個人技能，或核心人物。

弱勢：這些是個人、產品或一家公司的弱點。

機遇：包括來自市場或內部的機會。例如，你是否充分利用了你的產品或人員的優勢呢？是否市場中發生了一些變化因而為你提供了一系列新的機遇呢？

風險：風險包括來自內部(如銷售團隊中某個關鍵人物即將退休)和外部(如出現了一個新的、攻擊性更強的競爭對手)的風險。

| 優　勢 | 弱　勢 |
|---|---|
| 機　遇 | 風　險 |

## 遊戲步驟

1. 首先，詢問受訓學員是否有人聽說過 SWOT 分析方法。

2. 說明營銷專家和商業規劃師常常採用這種方法來瞭解一個公司或產品的戰略位置。即使受訓學員對這個概念很熟悉，並且以前也用過 SWOT 圖，你也要強調，伴隨著我們的判斷和視角的變化，有規律地使用這種方法也是很有價值的。

3. 分發材料，限時 20 分鐘。將受訓學員分成 2～3 人的小組，讓他們採用腦力激盪的方法，聯繫市場和銷售環境，按照他們的企業或部門的四個方面做出分析矩陣表。

## 遊戲討論

1. 20 分鐘後，重新集合各組人員，由各組的發言人陳述他們的優勢、弱勢、機遇和風險列表。對討論中所出現的要點，進行討論，並把總結寫在活動掛圖上。

2. 培訓師問受訓學員，如果這個列表由一群顧客而不是由他們自己來做，或者是由他們的競爭對手來做，將會有什麼不同。你可以利用下面的問題，通過全面的討論來對這個訓練進行評論分析。

⑴同一個因素常常既可以是優勢也可以是弱勢。我們也遇到過這類情況嗎？如果確實如此，那麼，你認為這究竟是什麼原因？

⑵我們的弱勢是由我們自己造成的嗎？

⑶截至目前所列出或討論過的內容，你認為那一項是我們的最大優勢？

⑷截至目前所列出或討論過的內容，你認為那一項是我們的最大弱勢？

⑸截至目前所列出或討論過的內容，你認為那一項是我們的最大風險？

⑹截至目前所列出或討論過的內容，你認為那一項是我們的最大機遇？

銷售故事

## 多問幾個「為什麼」

一頭餓狼在森林裏亂竄，可是沒有找到一點可以充饑的東西。一個偶然的機會，他遇上了一隻狐狸，狼連忙說：

「狐狸女士，你聽著！我快要餓死了，又沒有找到任何可以吃的東西。現在我實在沒有辦法，只好吃你了！」

狐狸對他說：

「狼先生，你看我有多瘦呀，只剩下皮包骨頭了！」

「可是我記得，去年你還是胖乎乎的呢？」狼說。

「去年我確實是胖乎乎的，可是我現在要給幾個孩子餵奶呢，我的奶都不夠他們喝的。」

「這又關我什麼事呢！」狼一邊說，一邊已經準備向她撲過去。

狐狸馬上喊了起來：

「等一等，等一等！狼先生，我想起來啦，離這兒不遠有一個農夫，他家的井裏裝了一個大乳酪，我們一起去看看吧……我絕不撒謊，你一定會看見的！」

狼信了狐狸的話，就跟著她一起去了。他們走近一座房子，翻過牆頭，就找到了一口井。圓圓的月亮倒映在井底，在水裏遊遊蕩蕩的，活像一塊真的乳酪。

狐狸走到井邊一看，連忙對狼說：

「喂，我的朋友，你來看，多大的一塊乳酪呀！快，快到前面來！」

狼走到井邊，看到水中月亮的影子，還以為真的是一塊大乳酪呢。可是，他也知道狐狸狡猾的本性，有點將信將疑，就說：

「親愛的狐狸女士，請你費點心，下去把乳酪拿上來吧！」

於是，狐狸爬進一隻水桶，繩子一鬆，水桶就裝著狐狸向井下飛去。狐狸從井上掉到井下，剛剛定下神，她就想：

「不管怎麼樣，在這兒總比落到狼肚裏強多了！」

裝著狐狸的水桶圍著月亮的倒影飄來飄去，狐狸在下面喊：

「喂，狼先生。這塊乳酪真大，我的力氣不夠，你快下來，幫我把它抬上來呀！」

「你說什麼呀！」狼不高興地說，「我都不知道怎麼下去，還是你自己把乳酪送上來吧！」

「你別囉嗦了！」狐狸說，「你鑽到另外一隻水桶裏就行了，你不是看見了嗎？這簡直是太簡單了！」

狼聽了狐狸的話，鑽進了另外一隻水桶。狼的身體要比狐狸重得多，因此，他呼地一聲往下掉，狐狸就坐在水桶裏被他提了上來。

狼到了井底，摸著黑，到處找他的大乳酪。這時候，狐狸連忙跳下地，拔腿飛跑，找她的孩子去了。

狼再狡猾終究狡猾不過狐狸，他最終被狐狸所騙而掉進井底。

在推銷當中，推銷員面對失敗不能就讓它失敗，應該多問幾個「為什麼」。

多問顧客為什麼，可以讓對方最終亮底。

多問自己為什麼，可以找到推銷成功之解。

# 47 銷售的腦力激盪術

遊戲時間：55 分鐘

## 遊戲簡介

這是一個非常有用的集思廣義訓練。為了促使銷售人員參與業務促進的計劃，它允許訓練人員以挑戰的方式提出意見或問題。

## 遊戲主旨

培養受訓學員對自己的銷售行動，進行科學化規劃，設法提高工作效益。

## 遊戲材料

提供的印刷材料(如下)、活動掛圖。

**腦力激盪術**

姓名：

議題：

日期：

討論中所出現的五個最好的想法：

1. ______________________________

2. ______________________________

3. ______________________________

4. ______________________________

5. ______________________________

列出針對五項想法可採取的關鍵行動：

1. ______________________________

2. ______________________________

3. ______________________________

4. ______________________________

5. ______________________________

## 遊戲步驟

1. 介紹訓練內容，詢問受訓學員是否聽過「腦力激盪術訓練法」。在聽完受訓學員對它們的定義之後，培訓師應進一步解釋這個由心理學家愛德華· 德· 巴諾(Edward De Bono)發明的思維技術，並糾正不正確的認知。

2. 將受訓學員分成兩組，一組給一個金屬衣鉤，另一組則給一個指甲刀、玻璃煙灰缸或其他一些普通用品。然後，請兩組學員盡可能多地寫出這些物品的用途，不管這些想法是多麼的稀奇古怪。15 分鐘後，看每組各寫出多少用途。(要確保他們把每件物品最主要的用途寫出來！)

3. 在活動掛圖上，寫一個啟發性的問題，以便於人們發揮其創造性，同時，又應該比較具體，以使討論具有建設性的意義。例如：「在接下來的三個月內，如何使銷售額增加 20%？」類似的其他問題可以是：如何規劃更多的銷售方向和銷售途徑；如何避免產品打折；如何在銷售電話中展現影響力；如何確立產品的差異；如何改進服務；如何擊敗競爭對手；如何改進產品或服務的品質；如何在一個月內打更多的銷售電話等等。

4. 把受訓學員分成 4～8 人的小組，在不同房間內進行討論。

5. 由每組選出一名「記錄員」和一名「促進者」。記錄員的任務是記錄所有的想法和建議，他不需要判斷，也不管想法是否荒謬可笑。而促進者的工作則是鼓勵小組的人想出盡可能多的想法，不去判斷或控制討論的進行，而是要激發受訓者的創造靈感。

6. 每組用 25～30 分鐘的時間，盡可能多地想出各種想法，然後再用 10～15 分鐘的時間對每個想法進行排序，以便產生一份他們認為最好的建議表。

7. 40 分鐘後，重新集合所有人員，並請每組選出一名代表陳述他們的建議表。在活動掛圖上，寫下其中的要點。

8. 請各組成員再次改進他們的想法，然後分發材料，請每位受訓學員根據其中的一個想法完成材料中的問題，並記下他們認為有價值的或想去執行的想法。

## 遊戲討論

請受訓學員很快回顧一下他們的計劃列表，同時，要提醒他們，只有一個好的想法或意圖是不夠的，只有積極的行動才是最重要的。

# 48 要求客戶代為推薦

遊戲時間：50 分鐘

## 遊戲簡介

協助受訓學員在推薦的過程中尋求方法，克服出現的障礙。

## 遊戲主旨

建立自信；學習實用的方法。

## 遊戲材料

提供的印刷材料（如下）、活動掛圖。

寫下你在徵求推薦時有可能用到的問題，並考慮何時是徵求顧客推薦的最佳時機。

1. ______
2. ______
3. ______
4. ______

列出你認為可以使用上面的問題來徵求推薦的 5 位客戶的姓名和聯繫方式。

1. ______

2. ______________________________

3. ______________________________

4. ______________________________

〈資料〉

三項獲取推薦的要點：

1. 詢問——如果你沒有主動向客戶詢問，那麼他們很少會自動推薦其他客戶的。但是，當你向他們徵求推薦時，他們不僅不會介意(倘若你的工作很出色，且始終保持一種專業的工作方式)，還會很快地向您推薦一些新的客戶。

2. 說明要求推薦的確切數目，通常是兩個或三個。

3. 準確地向客戶描述你希望他推薦那種人。如「具有同樣財產規模的人」或者「本組織中其他某某部門的經理」。

## 遊戲步驟

1. 由培訓師介紹培訓內容，說明「推薦」在獲得新的銷售方向和客戶方面是一種非常有效的形式。

推薦在提高業務增長率方面，是一種成本效益最佳的方式。但是，這種方式卻被很多銷售人員所忽視。與推薦相比，為了獲得一個新的銷售機會或途徑，使用其他方法要花費數倍的精力、金錢和時間。

2. 多數人都會很高興地告訴你那些認可你的商品或服務的同事的姓名(當然，前提是你的銷售工作做得也很出色)。實際上，幾乎我們每個人都曾經向朋友或同事推薦過某個公司，如修車場、修理工或旅遊代理，等等。

3. 為了強調這個問題，你可以用下面的提問啟發討論：

(1)誰願意花兩個小時打冷淡電話，而放棄聯繫三個推薦顧客的機會？

(2)對獲得的新客戶來說，推薦的方式會比其他方式成本低嗎？

(3)是否有賣給你東西的人請求你向朋友推薦他們的產品呢？你給他們推薦了嗎？如果沒有，那麼，他們再次請求的時候，你會給他們推薦嗎？

(4)為何只有少數銷售人員認識到顧客推薦的潛力呢？是他們認為人們會拒絕推薦嗎？(他們那樣做，你會介意嗎？)還是他們害怕自己顯得過於「進取」？或是他們根本不知道怎樣及何時來請求客戶推薦？抑或他們根本忘記了推薦這種形式？

4. 克服這些障礙的第一步，是設計出一些有效的問題，以便在請求客戶幫他們推薦產品時能夠運用。然後，再針對如何使用這些問題進行練習。討論一個恰當的推薦問題的例子，如「我知道，您對我們為您所做的一切感到滿意，那麼，不知您是否可以為我們推薦您所認識的兩位經理，以便也讓他們感受到我們的服務？」

5. 把受訓學員分成兩人一組，然後分發材料，限時 20 分鐘。

## 遊戲討論

在各組之間來回走動，檢查他們是否正在想問題，在必要的時候，可以由受訓學員通過角色扮演來演示其中的問題。

20 分鐘後，要求每組依次陳述他們的問題，並讓他們說明這種練習對小組的作用？然後，全體人員回顧整個練習，並在活動掛圖上寫下值得注意的要點。

銷售故事

## 站在顧客的角度看問題

一個小女孩不想吃母親為她準備的荷包蛋。母親知道小女孩從小就不喜歡吃荷包蛋，即便強迫她吃也沒有用，但是母親有辦法對付她。母親對她說：「我知道你不喜歡吃荷包蛋，不吃也可以，我只是想告訴你，如果你能好好把荷包蛋吃完的話，我們就可以早一點去公園玩了。」母親的話音未落，小女孩飛快地拿起了碗筷，將荷包蛋吃得一乾二淨。

符合以退為進原則的行為表現：①善於站在顧客的角度看問題；②承認顧客的想法是正確的；③不和顧客對著幹；④從不頂撞顧客；⑤在附和顧客的同時表達自己的意見。

# 49 扮演銷售醫生

遊戲時間：90 分鐘

## 遊戲簡介

受訓學員依次扮演「銷售醫生」，為他們的同事診斷和解決關鍵的銷售問題。

## 遊戲主旨

以小組方式編制，並鼓勵小組成員發揮團隊協作力量，有建設性地討論或解決問題。

## 遊戲材料

提供的印刷材料(如下)、活動掛圖。

### 〈資料一〉　銷售醫生的問題

寫下當前你在銷售活動或商務中所面臨的三個問題。

這些問題應該與如下內容有關：一項產品、一名特定顧客、一個銷售問題，或與技能有關的因素，如處理價格異議或結束交易。

其中一個問題將會提交營銷諮詢專家，並由其提出專業的診斷和建議以作為一個潛在的解決方案。

________________________________________

________________________________________

________________________________________

### 〈資料二〉　銷售醫生的處方

假設你是銷售專家和營銷諮詢師中的一員，現受公司邀請研究一個特定的銷售或營銷問題，要求你提出診斷和建議以作為一個潛在的解決方案。

你提議的方案應該實用，能解決問題。

你將被要求做一個簡短的陳述(10 分鐘)，以便解釋你所運用的方法和解決方案。

其餘的受訓學員將扮演成「客戶」，並可在你結束陳述的時候對你提出問題。

## 遊戲步驟

1. 介紹培訓內容。讓受訓學員講述自己平時看醫生時所遇到的情況，說明醫生在開處方之前，首先會對你的病情進行診斷。而在這個遊戲當中，受訓學員將扮演「銷售醫生」的角色，開出改進銷售的各種處方。

2. 把受訓學員分成 2～3 人的小組，並分發第一份材料(問題部份)。要求受訓學員列出三個問題，這些問題與下述內容有關：一項產品、一名特定的顧客、一個銷售問題，或與技能有關的因素，如處理價格異議或結束交易。

3. 分發第一份材料，限時 10 分鐘。

## 遊戲討論

1. 分發資料一：

10 分鐘後，收集所有的問題。然後從一個組中選擇一個問題交給其他的組，或者是由各組的人從三個問題中選出一個問題。通過為他們選擇問題，確保問題所涉及的範圍，並保證和控制隨後所進行的討論。當給每組一個問題時，同時也發給他們第二份材料(處方部份)，並要求他們以營銷專家或營銷諮詢師的角色完成材料中的問題。受訓學員將有 30 分鐘來解決問題，15 分鐘準備陳述。

2. 分發資料二：

45 分鐘後，請各組依次介紹他們的問題，並陳述他們的解決方案。其餘的受訓學員可以扮演「客戶」，並從中選出最好的處方和最精彩的陳述。也可以考慮讓其他人員在每個陳述結束時，提幾個問題。

3. 在所有陳述都完成後，組織受訓學員對其中的要點(你可以把它們寫在活動掛圖上)進行簡短的討論，然後結束訓練課程。下面的問題可以幫助促進討論的進行：

(1)在這麼短的時間內，即提出這麼有品質的解決方案和想法，你是否有些吃驚？

(2)你是否對解決自己的問題感到更加自信？

(3)你認為這些解決方案將會由誰、在什麼時間、如何實施？

(4)你從這次培訓中學到了什麼？

# 50 準備電話銷售

遊戲時間：28 分鐘

## 遊戲簡介

通過遊戲，讓受訓學員清楚在進行電話銷售前應做的準備工作。

## 遊戲主旨

這個遊戲的目的是幫助受訓學員為未來的銷售約會，建立他們自己的「介紹計劃和銷售工具包」打好基礎。

## 遊戲材料

活動掛圖。

## 遊戲步驟

1. 先介紹培訓內容。通常，銷售人員在安排一個重要的約會之前，他們已經通過電話或信函接觸，從客戶那裏得到了一些資訊，並給對方留下了積極的印象。

2. 培訓師詢問受訓學員，他們在打銷售電話之前，應該做那方面的準備。確保討論涵蓋如下內容，並隨時在活動掛圖上寫下討論中的要點。

⑴個人

· 外表

· 集中注意力

· 不會被打擾

⑵顧客資訊

· 將要與其討論的內容

· 過去的見面或接觸情況

· 任何的其他資訊

⑶環境(如果在自己辦公室)或地點

· 計劃

· 準時

· 準備

⑷材料(銷售工具)

· 便箋簿

· 品質好點的筆(和一隻備用筆)

· 有關資料

· 樣品

· 訂單表

· 計算器

· 名片

3. 培訓師要特別強調銷售工具的重要性。有 20～30%的銷售電話沒有正常完成,就是因為銷售人員沒有攜帶所需的工具(它可能只是忘記帶的一本小冊子、訂單表、價目表或一隻筆!)

4. 把受訓學員分成兩人一組，然後讓他們按照最高的標準(即獲得一份訂單)來列出完成一個典型的銷售電話所需的所有物品或材料。

5. 過 15 分鐘後，重新集合各組，討論每組的列表，並在活動掛圖上補充相關的材料。你可以使用下面的問題來促進討論：

⑴為什麼良好的準備很重要？如果沒有準備好，對銷售而言，是否是生死攸關的呢？

⑵事前準備對顧客有什麼價值呢？對你又有什麼好處呢？

⑶準備就緒會給人留下什麼樣的印象？

⑷顧客購買的是銷售人員，而不是商品。你認為這種說法對嗎？

# 51 要在 30 秒內表達出重點

遊戲時間：30 分鐘

## 遊戲簡介

給受訓學員提供一個立刻做銷售陳述的機會。

## 遊戲主旨

練習發表意見的技能，以便面對顧客時能表達自如。

## 遊戲材料

活動掛圖。

## 遊戲步驟

1. 介紹訓練內容，詢問是否有人看過《如何在 30 秒或更短的時間內表達清楚你的意思》這一本書。

2. 在這本書中，強調 30 秒是與另外一個人交往時最適宜的時間長度。你應該練習將自己的銷售陳述限制在這個時間範圍內，然後，在會談或陳述的整個過程中，你要經常重覆這些精煉的語言。

他還說：「如果你不能在 30 秒內表達清楚你自己或你的想法，那麼，即使給你 30 分鐘，你同樣也做不到。」

這個「30 秒」定律來自於人們對交流的研究，而 30 秒也恰恰是大多數電視廣告的長度。

## 遊戲討論

1. 培訓師要圍繞下面的問題，進行一次簡短的討論：

⑴是否可能把所有資訊點都壓縮在 30 秒之內？

⑵如果你不能在 30 秒內表達清楚你的想法，那麼，即使給你 30 分鐘，你同樣也做不到。你同意這種說法嗎？

⑶大多數電視廣告有多長？

⑷閱讀報紙上的普通廣告或文章需要用多長時間？

2. 要受訓學員牢記上述觀點，隨後的這個訓練將會幫助你練成 30 秒銷售陳述的能力(30 秒內，按照正常的語速，可以說 100 個字)。這種簡單的陳述須能回答如下的問題：

「你是做什麼的？你跟別的銷售人員有什麼不同？為什麼我應該從你這兒購買東西？」

把這個問題寫在活動掛圖上，然後請受訓學員獨立完成他們的 30 秒銷售陳述。

3. 15 分鐘後，培訓師請每位受訓學員依次讀出他們的 30 秒銷售陳述。

銷售故事

## 1 毫米的主意

美國有一間生產牙膏的公司，這個公司生產的牙膏，產品優良，包裝精美，深受廣大消費者的喜愛，每年營業額蒸蒸日上。據公司所記載的數據顯示，前 10 年該公司每年的營業增長率為 10～20%，令董事部雀躍萬分。但是，業績在進入第 11 年，第 12 年及第 13 年時，卻停滯下來，每個月都只是維持同樣的數字。董事會對這三年業績表現感到很不滿，便召開全國經理級高層會議，以商討對策。

在會議中，有個年輕的經理站起來，對董事會說：「我手裏有一張紙，紙裏有個建議，如果您要使用我的建議，就必須付我 5 萬美元！」

總裁聽了年輕經理的話很生氣：「我每個月都支付你薪水，另有分紅、獎金。現在叫你來開會討論，你還要 5 萬美元，是不是太過分了呢？」

「總裁先生，您先別誤會。如果總裁覺得我的建議行不通，您完全可以將它丟棄，一分錢也不用付。」年輕的經理解釋說。

「好！」總裁接過那張紙，看完後，馬上簽了一張 5 萬美元支票給那個年輕經理。

其實，那張紙上就寫了一句話：將現有的牙膏開口擴大 1 毫米。

於是，總裁馬上下令把所有的產品都更換新的包裝。

試想一下，如果每個牙膏管口都擴大 1 毫米，消費者早上刷牙時，順手一擠，就多擠出了一些牙膏，增大消費量，每天牙膏的消費量將多出多少呢？

這個決定，使該公司第 14 年的營業額增加了 32%。

行銷其實非常簡單，抓住關鍵細節就可以了。1 毫米看似不大，但是這個 1 毫米就決定了消費者的消費量。一個企業如果在行銷的時候把握不好關鍵細節，其行銷的結果一定是令人遺憾的。

# 52 訓練你如何抓住銷售機會

遊戲時間：20～30 分鐘

## 遊戲簡介

本遊戲要求受訓學員抓住機會，獲取更多的資訊，同時也強調需要時刻做好準備的必要性，以及對新的機遇要保持足夠的驚醒。

## 遊戲主旨

訓練銷售人員具備機智果斷的應變能力，並對其是否擁有良好的溝通能力作一次測試。

## 遊戲材料

提供的印刷材料(如下)、活動掛圖。

## 遊戲步驟

1. 將受訓學員按 3 人分成一組，然後分發材料。要求三人中其中一個人將扮演顧客，另外一個人扮作銷售人員，還有一個人是觀察者。

2. 分發材料：限時 30 分鐘。

### 扮演顧客角色

你是一家中型企業的主管經理。

你正在到另一個會議室去參加一個會議，順便你到接待處核實一下是否有一份給你的重要郵件。

此時有一個電話打進來，你決定在剩餘的幾分鐘內接聽這個電話。

你接完電話後，便走出接待處去參加會議。當你拐彎的時候，迎面碰見一名面帶笑容、態度熱切的銷售人員。他正在接待處等待你的另外一名經理。

### 扮演銷售人員角色

你正在一家中型企業的接待處等候約見，但你來得有點早。

這時，你留意到一名穿著整潔的人走入接待處，並詢問一份郵件的情況。

然後，他在那兒接聽了一個電話。

你無意中聽到他的名字是馬克· 喬森，職務是主管經理。

如果你處理得當，那麼，這將是你與這家公司的最高決策者進行接觸並留下好印象的絕好機會。

當馬克· 喬森放下聽筒，結束談話的時候，你朝他走去……

## 遊戲討論

活動 30 分鐘後，重新集合各組，並圍繞下面的問題進行討論，把討論中出現的要點隨時寫在活動掛圖上。

1. 顧客是怎樣應對銷售人員的？
2. 有什麼地方可以考慮用不同的方法去做？
3. 你是怎樣為這種機遇做準備的呢？

# 53 培訓你的談判技巧

遊戲時間：60 分鐘

## 遊戲簡介

本遊戲可以讓受訓學員練習談判技能，並分辨出談判雙方中的溝通問題。同時，練習強調談判的「雙贏」方案，因為一方贏得談判而另一方失敗的方案，最終會造成雙方都失敗的結果。

## 遊戲主旨

練習銷售人員的談判和交流技能。

## 遊戲材料

提供的印刷材料(如下)。

〈資料〉

目標

這組訓練的目標是,按照下面的評分體系,為你的團隊獲取「正」的分數,即不要得負分。

培訓流程

培訓師會走訪你所在的組,請你選擇是玩紅的,還是玩藍的。他不會告訴你對方已經玩過的顏色。

當都完成第一步後,培訓師將會宣佈各隊已經玩過的顏色和他們的得分。

下面是評分的標準:

| 組 A 所玩過的 | 組 B 所玩過的 | 得分 | 組 A | 組 B |
|---|---|---|---|---|
| 紅 | 紅 | = | +3 | +3 |
| 紅 | 藍 | = | -6 | +6 |
| 藍 | 紅 | = | +6 | -6 |
| 藍 | 藍 | = | -3 | -3 |

總共會進行 10 輪。

在第四輪完成之後,培訓師會詢問各組是否想討論一下。這個討論只有在小組的要求下才會進行。如果其中的一個組不想討論,那麼就不要進行討論。

在第八輪完成之後,如果雙方都要求進行討論,那麼這將是另外一次進行討論的機會。第四輪和第八輪的成績將乘以 2，而第九輪和第十輪的成績將會分別乘以 3 和 5。

總之，培訓的目標是使你們獲得正的分數。

## 遊戲步驟

1. 將受訓學員分成兩組，並分發材料，確信每位受訓學員都明白訓練的進行方式。

2. 把兩組帶到不同的房間，這樣他們就不能相互偷聽。然後，請每組各選出一名「促進者」和一名「觀察者」。促進者將組織和領導每輪的討論，並負責對小組每輪的選擇做出最後的決定。而觀察者的作用則是在訓練進行的時候，完成觀察表，並做出報告。他們同樣可以參加本小組的討論。

3. 在 90%的遊戲開展中，受訓的一組或兩組在閱讀培訓指導之後，都會把「獲取最多的分數」作為自己的目標，而不是如指導所說應該「獲取正的分數」，由此，他們認為本組的目標就是「獲勝」。有這些想法的隊員常常會受到本組其他隊員的競爭和武斷本性的支配。只要有一方意識到他們已不可能贏，他們就會開始著手破壞對方的行動。這樣，討論就會變成一個欺詐、反欺詐以及玩詭計的訓練。

4. 給每組留出 5 分鐘的時間來分配角色。

5. 告訴促進者，他們有 10 分鐘的時間來討論本組的談判策略，並決定第一輪他們選擇什麼顏色。

6. 過 10 分鐘後，走訪各組，詢問他們第一輪選擇的顏色。在把兩組的選擇都收集起來之前，不要將一方的選擇告訴另一方。將所有選擇都搜集起來之後，告訴各組對方的選擇和本組的得分。然後，給各組分發第二份材料，這樣他們就可以保留他們的分數。

7. 告訴促進者，他們有 5～6 分鐘的時間決定下一個選擇。在這個遊戲中，保持一種時間的壓力是很重要的。

8. 又過了 5～6 分鐘後，查看每組對顏色的選擇，並繼續整個培訓過程。經過 4 輪和 8 輪後，要為受訓學員提供一些討論的機會。

9. 圍繞下面的問題，進行簡短的討論，並總結出培訓的內容。其間，可由觀察者回顧他們所做的筆記，並在活動掛圖上記錄討論中出現的要點。

⑴小組中，不同性格的人是怎樣相互影響和共同前進的？

⑵促進者引導小組的情況如何？

⑶發生了什麼事情？

⑷在你自己、其他人和談判三個方面，你學到了什麼東西？

# 54 重新評估計劃

遊戲時間：45 分鐘

## 遊戲簡介

一個關於拿破崙的故事：不管什麼時候，當他準備和軍事參謀制定一個新的戰爭計劃時，拿破崙都有意讓一個參謀不參加軍事會議，那個參謀對於戰爭計劃的制定一無所知，被蒙在鼓裏當「白癡」。計劃實施之前，「白癡」才被允許參加會議，他可以從一個全新的角度評價作戰計劃，給出不一樣的建議。

## 遊戲主旨

這項訓練是利用一個「白癡」，來檢驗銷售員制定的計劃並給予完善。

## 遊戲材料

關於產品的陳述說明；

扮演「白癡」的志願者。

## 遊戲步驟

1. 把全班分成兩組，要求每組制定自己的陳述，說明他們提供的產品或服務的一個主要特點，他們要以面對實際顧客的態度來完成陳述。最後，他們要在陳述的最後部份列出 5 個顧客能明白的主要觀點。

2. 確認在你們部門有幾個人對這項產品一無所知，在這個前提下，讓每個小組從這幾個人中指定一個，並把陳述交給他。

3. 結束時，「白癡」(即被指定的那個人)寫下他/她認為這項陳述的主要觀點是什麼。

4. 把兩份關於陳述的主要觀點進行比較，全組分析那些地方沒有說清以至於造成誤解，那些說明不足，留下了空白。

## 遊戲討論

引導受訓學員進行如下討論：

1. 討論顧客為什麼不能像我們一樣抓住所有的觀點，說明由於銷售員對產品過於熟悉，以至於錯誤地認為顧客知道的和我們一樣多。

2. 討論為什麼有些陳述比其他的更清楚。

銷售故事

## 先有雞還是先有蛋

顧客就是上帝，商家要抱著為消費者服務的心態，才能經營、管理好企業。

有一家餐廳，門庭若市，但是老闆年紀大了，想要退休，於是就找了3位經理過來。

老闆問第一位經理：「你覺得先有雞還是先有蛋？」

第一位經理想了想，答道：「先有雞」。

老闆接著問第二位經理：「你認為先有雞還是先有蛋呢？」

第二位經理胸有成竹地答道：「先有蛋。」

於是，老闆又叫來第三位經理，問：「先有雞還是先有蛋？」

第三位經理鎮定地說：「如果客人先點雞，那就先有雞；要是客人先點蛋，那就先有蛋。」

老闆笑了，於是第三位經理得到老闆的擢升，成了這家餐廳的總經理。

先有雞還是先有蛋？如果你局限於這個問題本身，就永遠都不會有答案。如今，第三位經理給出了這一命題的行銷學答案——客人的需求永遠是第一位的。

# 55 銷售時善於發現新點子

遊戲時間：30 分鐘

## 遊戲簡介

銷售員講一些關於顧客自己發現的關於產品有趣的故事，為其他銷售員提供了新創意。

## 遊戲主旨

本遊戲旨在培養銷售人員思路的開闊性。對自己銷售的產品或服務採取非常有創意的方法進行推銷，往往能出奇制勝。

## 遊戲材料

卡通畫。

## 遊戲步驟

1. 在活頁紙上畫一幅類似卡通的畫，可以畫得大些。把畫貼到教室牆上一個明顯的位置，如正中央。

2. 分發紙張。

3. 向全體學員如下介紹這幅畫：

「我希望你們都能達到『遠離牆』的要求，它有一個收集最不流行的用法，這種用法是從我的產品或服務中發現的。」

4. 繼續說明，鼓勵每個人寫下他們發現的最不常見的用法，並把它貼到「遠離牆」這幅卡通畫上，在紙上寫下他們的名字。

5. 在訓練過程中，鼓勵參與者張貼盡可能多的紙條。

6. 作為一項選擇性訓練，讓參與者投票選擇最不流行的用法，投票時可以讓他們在自己認為最獨特的用法上做個記號。

### 遊戲討論

組織全體人員進行如下討論：

1. 討論參與者所提供的產品用法的異同是如何發現的。

2. 強調指出如果我們真的努力尋找，在這樣獨特用法的領域裏，存在很多未開發的銷售潛力和銷售機會。

## 56 發揮自己的銷售能力

遊戲時間：20 分鐘

### 遊戲簡介

本遊戲利用橘子這個道具，假設為銷售人員的銷售範圍，讓他們在這個範圍內充分發揮自己的銷售能力。

### 遊戲主旨

透過遊戲，要銷售員最大限度地挖掘地區銷售潛力。

## 遊戲材料

一個橘子。

## 遊戲步驟

1. 在教室前面的桌子上放一個橘子。

2. 向受訓學員說明，要把這個橘子看成是自己的銷售範圍，進一步解釋一些銷售員準備進入這個範圍，尋找快速銷售的方式，奪走顧客(如果想使氣氛更熱烈，可用錘子把橘子擊碎，現在是最佳時機)。

3. 提問全體學員如何才能充分利用這惟一的一個橘子資源(例如，用橘子皮使教室裏的空氣芳香，擠出橘子汁，吃掉肉)。

4. 闡明可以把橘子的種子種下，種植更多的桔樹(與顧客保持長期的聯繫)。

5. 說明像這個橘子一樣，銷售員在工作中也應該充分利用他們所在地區的資源，以長期獲得最大利潤。

## 遊戲討論

讓參與者為上面每一個觀點舉例證。

# 57 貼標籤組的銷售助理員

遊戲時間：45 分鐘

## 遊戲簡介

本遊戲提供了一種有趣的、充滿活力的方法，讓受訓學員親身體驗銷售助理員工作的實用性。

## 遊戲主旨

使培訓人員準確地加強助理員工作。

## 遊戲材料

案例資料，需要參與者解釋，並且決定定單上的資訊內容；

投影儀；

活頁紙或白板；

空白定單的幻燈片。

## 遊戲步驟

1. 用投影儀，把一張空白定單投到一張白板或紙上。

2. 把班級分成人數相等的小組。

3. 讓每一組成員正確填寫好有關基於他們剛剛給定的不同尋常的案例的研究。他們將會對完成表格的準確性給予評估。每一組將從總分 500 分開始評起。

4. 讓第一組來到前面，並以為首的第一個人站在距離白板大約 10 英尺遠的地方排成一單行。

5. 把定單分發出去。在小組中，讓第一個人上來填好其中的一個空格，他/她回去再把鋼筆給第二個人，以便填寫另一個空格。繼續進行，直到表格完成為止，標明並記錄所用的時間。

6. 讓另一些參與者評價定單，並辨別出可能錯誤或丟掉的一些資訊。每有一個錯誤或遺漏，從該隊總分中減去 10 分。

7. 對其他的組也重覆這個過程，給每個組不同的命令，要求他們填寫互不相同的表格。

8. 給取得最好分數的隊授予獎勵。

## 遊戲討論

讓全體學員進行如下討論：

1. 提問為什麼以這種方式完成表格困難或容易(與別人共事是一個挑戰；在別人注視的情況下感到有壓力，等等)。

2. 討論一下為什麼批評別組的命令來得比較容易。建議讓別人覆查一下你的文書，這是一個提高準確性的非常優秀方法。

3. 討論一下為什麼準確的文書工作對以下人員是重要的：

⑴顧客。

⑵你的公司。

⑶銷售員自己。

# 58 塑造最優秀的銷售員

遊戲時間：45 分鐘

## 遊戲簡介

受訓學員通過心中崇拜的優秀銷售員的形象，描述他們的特徵，並以其作為榜樣。

## 遊戲主旨

幫助受訓學員激發他們的創造性，要求以優秀銷售員為榜樣，從而激起內心的工作熱情。

## 遊戲材料

泥塑；

活頁紙和鋼筆。

## 遊戲步驟

1. 訓練開始時，分發泥塑。

2. 向參與者說明每個人心目中都應該有一個優秀銷售員的形象，並以其作為奮鬥的楷模。

3. 讓他們打開泥塑，並塑造優秀銷售員的模型。

4. 完成後，讓每個人描述他們的楷模，他的特徵，以及他們渴望成為這種楷模的原因。把所有的特點列在一張活頁紙上。

## 遊戲討論

讓受訓學員討論以下問題：

1. 回顧所有的特徵，並把相仿的歸類到一起。

2. 問一下參與者是否已具備所列的特徵。說明我們在各方面都很優秀，同時也有發展的需要。建議在訓練中，儘量找出具有他們所缺乏的能力的參與者，並花時間挖掘他們的經驗。

3. 討論參與者學習新技能的方法，以便結束後就成為像楷模一樣的人物。

# 59 解決銷售員的難題

遊戲時間：30 分鐘

## 遊戲簡介

本遊戲讓受訓員提出銷售過程中難以對付的問題，並逐個提出合理化的建議。

## 遊戲主旨

這項訓練將允許每個人都能得到答案，並且不佔用大量的上課時間。利用課餘時間收集顧客、產品的情況，將有益於業務員未來的發展。

## 遊戲材料

活頁紙、鋼筆。

## 遊戲步驟

1. 給每位參與者一疊紙。

2. 說明集體有比個人多得多的經驗可以利用。

3. 讓每位參與者在紙上寫下一個一直困擾他的特定的產品(服務)或客戶問題。

4. 每位參與者都簡要地敍述他的問題，在這段時間裏不展開討論。

5. 把寫有問題的紙貼到牆上。

## 遊戲討論

1. 如果有人對某個問題想出了有效的建議，鼓勵他們把自己的觀點寫在紙上的合適位置。

2. 強調集體智慧的力量，建議他們經常小範圍地採用這種方式進行交流。

銷售故事

### 三個旅行者

在行銷過程中，優勢是相對的，只有憑藉客觀的行銷環境創造優勢才能夠贏得市場。

三個旅行者同時住進一家旅館。早上出門時，一個旅行者帶了一把雨傘，一個拿了一根拐杖，第三個則兩手空空。晚上歸來時，拿著雨傘的人淋濕了衣服，拿著拐杖的人跌的全身是泥，而空手的人卻什麼事情都沒有。前兩個人都很奇怪，問第三個人這是為什麼。第三個旅行者沒有回答，而是問拿傘的人，「你為什麼淋濕而沒有摔跤呢？」

「下雨的時候，我很高興有先見之明，撐著雨傘大膽地在雨中走，衣服還是淋濕了不少。泥濘難行的地方，因為沒有拐杖，走起來小心翼翼，就沒有摔跤。」

拿著拐杖的說：「下雨時，我就找躲雨的地方休息。泥濘難行的地方我便用拐杖拄著走，卻反而跌了跤。」

空手的旅行者哈哈大笑，說：「下雨時我找躲雨的地方休息，路不好走時我小心地走，所以我沒有淋著也沒有摔著，你們有憑藉的優勢，就不夠仔細小心，以為有優勢就沒有問題，所以反而有傘的淋濕了，有拐杖的摔了跤。」

在市場競爭中，所佔有的資源只是成功的一部份，關鍵在於能否全面地瞭解市場，並謹慎地經營。勇於開拓沒有錯，但是不能對自己的優勢過於自信，市場往往並不在你有優勢的方向上設置陷阱，反而會讓你在自己忽略的因素上跌倒。

# 60 頭痛的價格異議

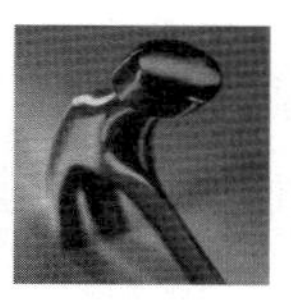

遊戲時間：20 分鐘

## 遊戲簡介

受訓員回憶自己在購買商品時，對價格所持的見解，分析對價格而言，什麼才是最重要的。

## 遊戲主旨

透過遊戲，強調價格不是最終的決定因素，品質才是最重要的。

## 遊戲材料

活頁紙和鋼筆。

## 遊戲步驟

1. 讓受訓者回顧他們上次買車的情況，提問他們如何確定一輛車的合適價格。

2. 參與者寫下車的價格對他們來說意味著什麼，在紙上把各種各樣的意義列舉出來。尋找如下答案：

⑴月分期額很低。

⑵比其他的車便宜很多。

⑶從所有的降價車中選擇適合自己的。

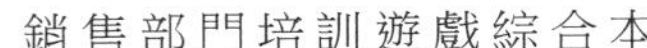

## 遊戲討論

1. 討論價格對人們的購買決定起什麼樣的作用，價格和品質為何是買主最關心的兩個因素。

2. 列舉不同的事情，這些都是價格對於顧客的意義，深入討論如何通過提高品質或者說明價格理由，使觀察到的價格相對降低，消除顧客在價格上的疑慮。

# 61 徹底瞭解產品

遊戲時間：60 分鐘

## 遊戲簡介

讓受訓學員加強瞭解產品的遊戲。

## 遊戲主旨

讓受訓學員明白，加強瞭解自己所銷售的產品的特色和用途，在面對客戶時，才能佔據主動地位。

## 遊戲材料

活頁紙和鋼筆。

## 遊戲步驟

1. 把全班平均分成人數相等的小組，每個小組負責一項將要涉及的產品。

2. 每個小組必須提出 5 個關於指定給他們的產品模糊性問題(例如：裝載××軟體大概佔用多少硬碟？從倉庫運往××城市的運輸時間是多少)。

3. 強調小組必須從訓練指定的產品中，證明他們提供的答案的正確性。

4. 每個小組任命一位發言人，在紙上記錄下得分。

5. 說明這是閉卷式訓練。

6. 每個小組都有向其他小組提一個問題的機會，第一個回答正確的小組將得到一分(由於問題的模糊性質，錯誤回答得零分)。如果沒有小組正確回答這個問題，分數判給提問的小組。

7. 一個問題解決了，下一個小組才有機會提問，依次類推。

## 遊戲討論

討論對所有的產品來說，我們知道的越多，在估計顧客的需要、開發市場潛力方面就越佔據優勢。

# 62 銷售單位的小組接力賽

遊戲時間：30 分鐘

## 遊戲簡介

透過一個接力賽的遊戲，積極激發培訓人員對產品的認識。

## 遊戲主旨

幫助參與者瞭解複雜的產品；強化產品的認識。

## 遊戲材料

必須的裝備和供應品；

一個哨子(比賽口令用)。

## 遊戲步驟

用一台影印機說明這個練習。為你的產品或服務創造相同的活動。

1. 把班級分成 5 個小組。

2. 根據小組的數量，把產品放在教室的前面(如果有 3 組，就需要 3 台影印機)。

3. 給小組的每個人都指定一樁任務。例如，第一個人裝紙；第二個人複印 3 份；第三個人做 3 份雙面的拷貝；如此等等。

4. 小組排成一列。

5. 在你的示意下，第一個人跑到影印機前完成他/她的工作，跑回去把接力棒給第二個人。第二個人完成他/她的工作後跑回去給下一個人，如此繼續。

## 遊戲討論

讓全體學員進行下列討論：

· 在有壓力的情況下完成生產過程有什麼感受？

· 這與在顧客面前說明你的產品生產流程有怎樣的關聯？

· 在平常進行產品說明訓練方面，這對你有什麼幫助？

# 63 扮演法官

遊戲時間：根據班級大小而變化

## 遊戲簡介

本遊戲通過傳票的張貼，給參加角色表演的參與者提供一種得到平衡性回饋的方法。

## 遊戲主旨

強調受訓學員應隨時提高自身的銷售技術。

## 遊戲材料

讚揚和批評票的複印件。

## 遊戲步驟

1. 給觀眾分發空白票(樣票如結束部份所示)。

2. 在每出劇結束時，給銷售員兩張票。

一張票表揚他/她做得好的方面。

一張傳票總結他/她需要進一步提高的方面。

3. 觀眾不僅要註明票的種類，而且要給出作出這個判斷的原因。

4. 鼓勵全體學員施展他們的聰明才智。下頁是填寫好的參考票。

## 遊戲討論

讓全班進行下面的討論：

1. 討論為什麼平衡性的反饋對人的全面發展很重要。

2. 提問如果以這種方式接受反饋資訊，是否能幫助銷售員更好地記憶他們需要提高的領域和曾經做得很好的銷售要點。

**可能的表揚**

| | |
|---|---|
| 英雄主義 | 勇敢面對難以相處的顧客或不利的銷售形勢，盡力而為。 |
| 傑出的營救 | 使銷售起死回生。 |
| 消 防 員 | 令一位生氣的顧客怒火平息下來。 |
| 從井底拉回 | 顧客從毫無興趣到購買 |

## 可能的傳票

| | |
|---|---|
| 超速行駛 | 給客戶做介紹時說話太快，使對方把握不住要點。 |
| 逆向行駛 | 錯過了請求或試圖推銷一種顧客並不感興趣的商品，結果徒勞無益。 |
| 違章停車 | 對產品或服務的某個方面研究時間過長。 |
| 忽略讓步 | 干擾顧客。 |
| 沒有信號燈的轉彎 | 在沒有確定顧客是否跟得上的情況下轉移話題。 |
| 肇事逃跑 | 沒有建立起替補方案之前就關閉了已有的秩序，規則出現時間上的空缺。 |
| 酒後駕駛 | 四處開展業務而難以跟蹤，使銷售和週圍的情況變得異常危險。 |

## 表　揚

為表揚______在面對困難時表現出來的力量、勇敢、堅韌，特此表揚，公佈如下：

原因如下：

公佈的表揚鼓勵你繼續發揮營銷技巧，為顧客做恰當得體的事情。

官員：__________

日期：__________

傳 票

因違反如下規則傳＿＿＿＿＿＿。

原因如下：

這張公佈的傳票幫你學習營銷技巧、提高營銷業務水準以及增加你的報酬。

官員：＿＿＿＿＿＿＿＿
日期：＿＿＿＿＿＿＿＿

銷售故事

## 頂尖推銷員頭腦裏有目標，其他人則只有願望

有一個懶漢，跟鄰居去學釣魚。到了河邊，懶漢放下誘餌，頭腦裏便開始想入非非：要是這次我釣上了一條金魚多好，金魚又生很多小金魚，我拿到市場上去換來很多銀兩，然後我不用做事，我去買洋房，還有我要娶三個老婆……

懶漢這樣想著，不時地做著釣上金魚的動作，可惜，魚杆一點動靜都沒有，只是在他的行動下泛起了漣漪。沒過一會兒，鄰居釣上了一條一尺來長的大草魚，懶漢心生妒意，把魚杆一甩，去問鄰居：「我們是一樣的誘餌，同樣的河流，為什麼我釣不上魚而你卻能呢？」

鄰居笑著說：「我能釣上魚兒因為我頭腦裏有目標，所以我心靜如水地等魚兒上鉤，你釣不上是因為你頭腦裏只有釣魚的願望，反而心浮氣躁。」

很多人做事情往往如此，光想著很高的願望，卻不會用行動去實現目標。在推銷這一行業，許多人天天想推銷幾百萬元的大單，在行動上，他寧願少接觸一個客戶，多睡一會兒懶覺。

推銷前訂立目標是推銷員成功的方法之一。有了目標就有動力，有了動力就會促使自己採取行動，實現成功的願望。

推銷高手需要「成功」來撫慰他的心靈，做他修煉自我的基石。推銷高手需要成功的業績，那是他活力的源泉，最好每天都有，好讓他日漸壯大並能夠自豪地說：我是成功的！

# 64 還有什麼比那更糟糕呢

遊戲時間：28 分鐘

## 遊戲簡介

作為一名銷售員，經常會處於被拒絕的尷尬境地，此遊戲就是讓受訓學員得到身臨其境的感受與解決對策。

## 遊戲主旨

這項培訓，幫助銷售員把消極性的情緒明朗化，並將它作為令人感到荒謬的東西暴露出來。

## 遊戲步驟

1. 說明在心情舒暢的時候，自我表白是令人愉快的，反之，當心情不好時的自我表達可能造成致命性的傷害。

2. 每個參與者仔細考慮當他們的自我表達比較消極時，自己所處的強大壓力。

3. 提問他們在記錄自己真正受打擊的時候，都對自己說了什麼（例如：我永遠不能克服那些困難）。

4. 把受訓學員分兩人小組，讓一個銷售員問另一個銷售員朗讀自己消極時的自我表白之後，同伴會問:「還有什麼比那更糟糕呢？」他必須回答(「我將不能完成任務。」)緊接著同伴又問:「還有什麼比那更糟糕呢？」(「我將失去工作。」)

5. 繼續進行，直到答案都變得荒謬為止。

6. 交換角色，重覆訓練。

## 遊戲討論

讓全班進行討論：

1. 提問多少參與者平時有像所定的那樣的消極自我表白。

2. 討論消極性的自我表白對銷售員及顧客心理的影響。

3. 提問多少人曾經對由這個問題引出的話題作過深入思考。

4. 總結討論，說明消極的自我表白是有害的，而不加檢測的抑制卻是毀滅性的，闡明第一個消極陳述和最後那個實際荒謬的陳述一樣現實。

# 65 你的感覺正確嗎

遊戲時間：根據人數多少決定

## 遊戲簡介

只有深入顧客的內心世界，才能真正弄清其說話的真正意圖，這正是成功銷售人員要努力達到的境界。

## 遊戲主旨

這是重覆對「為什麼」類型訓練的變動，其設計是為了使銷售員真正走進顧客的感情世界，並對個體具有更好的理解。

## 遊戲步驟

1. 讓班級成員思考關於過去幾個月中與他最難相處顧客的想法，主要考慮顧客最為難他們的地方。

2. 讓參與者記下以下內容；

⑴導致會談的背景是什麼？

⑵討論進行的時候，顧客身邊發生了什麼？

⑶顧客有什麼肢體語言？

⑷顧客具體說些什麼？

⑸對事情的進展，你的最佳猜測是什麼？

3. 將班級成員分成幾組。

4. 一個人陳述他們對 1～5 條列舉的內容，第二個同伴接著用「你為什麼那麼想」反覆挑戰銷售員對第 5 條的推測。如討論可這樣進行：

「他說他再也不想和我們打交道了。」

「你為什麼這麼想？」

「他不喜歡我們這樣的小販。」

「你為什麼那麼想？」

「可能他感覺在我旁邊不舒服吧。」

「你為什麼那麼想？」

「我可能有時有點激進而他卻有點害羞。」

5. 接著集體研討扭轉形勢的方法。

## 遊戲討論

讓全體進行下面的討論：

1. 在討論接近尾聲時，問一下班級成員是否對引起與顧客有什麼衝突的原因有清晰理解。

2. 討論他們起初看來根本不能達到的某種境況。

3. 討論有關用反覆提問「為什麼」來努力理解顧客觀點的見解有何優點。

# 66 為什麼和我們做生意

遊戲時間：60 分鐘

## 遊戲簡介

銷售人員總是憑主觀想像來判斷顧客的意向，但實際可能並不十分正確。受訓學員通過這個遊戲可以親身體驗這個想法。

## 遊戲主旨

這項活動是幫助銷售員認識到他們的預測，和顧客的反應並不總是相同的。

## 遊戲材料

問卷複印件；表格和筆。

## 遊戲步驟

1. 為銷售員的顧客設計問題，測量他們對銷售實力和銷售員大體的期望值。問題須包括：

⑴你希望我們的銷售員具備什麼品質？

⑵你與我們的銷售員多長時間聯繫一次？

⑶你希望我們的銷售員主要扮演什麼樣的角色？

⑷你不希望讓我們的銷售員做什麼？

2. 上課之前，參與者分發 5 份問卷給顧客，參與者不能閱讀，顧客將它們封存在信封裏。

3. 課間，參與者集體推測顧客對問卷可能的回答。為每個問題準備一張帶格的紙，在左側記下每個人的回答。

4. 打開信封，參照資訊，將顧客的評價填在右側。

5. 比較相似點和不同點

## 遊戲討論

讓受訓學員討論以下問題：

1. 討論為什麼顧客期望的比參與者所設想的高。

2. 討論為什麼一些人在事實上比預期的低。

3. 集體研究參與者可能達到或超越那些期望的方法。

# 67 介紹公司的歷史

遊戲時間：依據人數多少

## 遊戲簡介

作為顧客，有時會對銷售人員所在的公司感興趣，銷售人員在介紹自己公司時，怎樣才能讓顧客產生興趣，這也是銷售方面的一大技巧。

## 遊戲主旨

大多數銷售員以他們的公司為豪，對顧客講述有關公司的歷史過多，而削弱自己的重心工作——銷售。

這個練習的設計就是讓銷售員意識到自己在實際工作中將公司介紹與產品介紹區分開來。

## 遊戲步驟

1. 解釋你將要進行一次關於公司歷史的測驗。

2. 讓每個人用筆寫下兩條有關公司歷史的內容。如：「誰成立的公司？」「經營多長時間了？」解釋這些是他們應該向顧客講述的事情。

3. 教室內快速傳達並讓每一個參與者講述他/她的兩條介紹公司歷史的內容。

4. 培訓師問班級成員為什麼顧客會在他們正講述的時候會有某種興趣。

5. 讓參與者重新回到他們的闡述中，並從對顧客有利的角度修改講解內容。

6. 再次讓參與者講解他們的內容。

## 遊戲討論

讓全體學員進行以下討論：

1. 問一下有多少參與者從來沒考慮過從對顧客有利的角度來介紹公司。

2. 討論為什麼會出現這種現象（許多人認為利益陳述對象只限

於產品、服務上)。

銷售故事

## 完美的廁所

有一戶人家，住在市鎮與市鎮之間的路邊，以種菜為生，頗為肥料不足所苦。有一天，男主人靈機一動：「在這條路上，來往貿易的人很多，如果能在路邊蓋一個廁所，一方面給過路的人方便，另一方面也解決了肥料的問題。」他用竹子與茅草蓋了一間廁所，果然來往的人無不稱便，種菜的肥料從此不缺，青菜蘿蔔也長得肥美。

路對面有一戶人家，也以種菜為生，看了非常羡慕，心想：「我也應該在路邊蓋個廁所，為了吸引更多的人來上廁所，我要把廁所蓋得清潔、美觀、大方、豪華。」於是，他用上好的磚瓦搭蓋，內外都漆上石灰，比對面的廁所大一倍。完工之後，他覺得非常滿意。奇怪的是對面的茅廁人來人往，自己蓋的美觀廁所卻很少有人問津。後來問了過路人，才知道因為他的廁所蓋得太美，太乾淨，路人以為是神廟，內急的人當然是找茅廁，而不會進神廟了。

無論是企業還是產品都不要過度包裝，否則很容易嚇退顧客。

如果你提供的服務不符合顧客的一般觀念和需求，你的行銷就不會成功。對於產品的包裝一定要注意符合產品本身的特點和定位，否則，做得再好也只會讓人敬而遠之。

# 68 最偉大的銷售事績

遊戲時間：15 分鐘

## 遊戲簡介

這是一個比較活潑的遊戲。要求銷售人員向大家講述他們認為最成功的銷售實例。並且說明他們在那些方面做得比較出色，以及這些努力對客戶產生了那些影響。

## 遊戲主旨

本遊戲適用於新進或資深銷售人員。著重在激起銷售人員的熱情。

## 遊戲材料

為每個銷售人員準備一張獎狀或者一個有趣的「獎品」。

## 遊戲步驟

1. 要求銷售人員講述他們認為最成功的銷售實例。它可以是金額最大的一次銷售，也可以是一次雖然金額不大但特別富有挑戰性的銷售。

2. 接著，讓參與者說明他們在這次銷售中做了什麼特別的事情，以及它們對客戶產生了什麼影響。

3. 讓每個參與者站起來，向大家闡述他的這個事例。向每個銷售人員頒發一個「獎品」，以表示對其成績的獎勵。

# 69 我的銷售能力

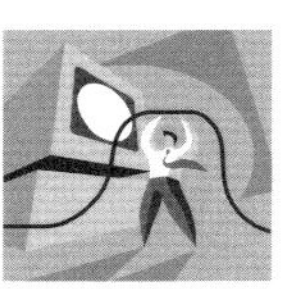

遊戲時間：20 分鐘

## 遊戲簡介

在本遊戲中，銷售人員將回顧那些在銷售工作中十分重要的技能，評估他們對每項技能的掌握程度，並且制訂出提高這些技能的行動計劃。

## 遊戲主旨

本遊戲側重於幫助受訓學員瞭解一位優秀的銷售人員所必須具備的素質，並提供一次自我提升的機會。

## 遊戲材料

印刷材料，人手一份。

〈資料〉　個人銷售能力的資本

無論你是準備把銷售作為終生職業，還是僅將它視為向其他領域過渡的跳板，你用來服務客戶並促成銷售的技能，對於你所選擇的任何一個職業都是寶貴的資本。此外，不管在什麼時候，正確的態度始終是成功的關鍵。

優秀的銷售人員通常是：

· 友好的
· 反應迅速的
· 富有同情心的
· 為客戶著想的
· 見多識廣的
· 樂觀的
· 勤奮的
· 專注的
· 能提供有創造性幫助的
· 能夠理解客戶需求的
· 處亂不驚的
· 性情活躍的
· 誠信的
· 以解決問題為導向的

這些銷售人員總是能夠做到：

· 專注地傾聽對方的要求
· 保持積極的態度
· 以誠待人
· 充分瞭解產品的特性與功能
· 避免使用術語或者賣弄詞語
· 讓客戶對他們本人、對他們所提供的資訊和所在的公司產生信任
· 讓每個客戶都感覺到自己很受重視

· 滿足客戶的需要

· 主動爭取成交

**資本和機會**

在某些方面，你也許天生就比其他人更出色，但你的工作給你提供了這樣一個機會，使你可以掌握每一項個人銷售能力資本。

把能力資本列表再仔細閱讀一遍，並根據自己對每一項的掌握程度，將它們填到下表中的相應位置。雖然沒有人監督你，但一定要實事求是。

如果你覺得還需要大幅____________________

提高某項技能，把它寫在右邊。________________

如果你覺得對某項技能____________________

掌握得還算不錯，把它寫在右邊。______________

把你認為自己掌握得最出色的________________

技能，把它寫在右邊。____________________

## 遊戲步驟

1. 把《個人銷售能力的資本》和《資本和機會》的材料發給每位參與者，並要求大家在 5～10 分鐘內填完這些表格。

2. 再分發《行動計劃工作表》的材料，並要求每個人制訂一個提高兩項技能的行動計劃。

3. 如果還有時間

⑴把《行動計劃工作表》再複印一份，將參與者分成兩人一組，並要求他們把自己希望提高的兩項技能寫在該表中，然後讓他們互換工作表。

⑵要求每個參與者為他們的夥伴制訂一個行動計劃，以幫助其成為「銷售明星」。活動時間為 5 分鐘。

⑶ 5 分鐘後，讓他們互換行動計劃，並給大家幾分鐘來仔細閱讀該計劃。

⑷要求參與者時常回顧這些計劃，掌握提高各項技能的技巧。

# 70 使銷售工作變得不困難

遊戲時間：25 分鐘

## 遊戲簡介

在本培訓中，參與者將集體為他們自己制定使命宣言。希望為銷售人員注入更高的工作熱情，並為銷售工作帶來全新的意義。

## 遊戲主旨

本遊戲旨在激勵受訓學員的內在鬥志，尤其是發揮集體力量的重要性。

## 遊戲材料

1. 自己公司的使命若干份宣言(或者能夠鼓舞人心的其他公司的使命宣言)；

2. 空白活動掛圖紙和記號筆(每 3 位參與者一套)；

3. 幻燈片印刷材料(如下)。

〈資料〉　定義你的使命

· 什麼原因促使客戶能夠記住我們?

· 客戶怎樣向他們的朋友評價我們?

· 在銷售部,我們以什麼方式互相幫助?

· 我們銷售部為公司總體目標的實現提供了什麼支援?

## 遊戲步驟

1. 首先討論使命宣言這個概念的含義,然後將公司的使命宣言分發給大家(如果自己公司沒有,就發其他公司的)。

2. 將受訓學員分成 3～5 的小組,每組發給每個組一張活動掛圖紙和一隻筆,並告訴他們,其任務就是集體為銷售部制定一份簡短的使命宣言。

3. 在開始寫使命宣言之前,讓大家仔細閱讀上頁幻燈片的內容,並讓各銷售人員討論,找出答案。

4. 如果不止一個小組,則讓每個小組選派一名代表,向大家宣讀各組所提出的使命宣言。

5. 讓每個小組派一名代表,由他們組成一個委員會,以最終確定銷售部的使命宣言。建議在第二個星期的某一天,由該委員會在午餐時間碰頭,或在工作時間召開會議來完成這項任務。在使命宣言得以確定後,將其列印成漂亮文稿,並張貼到銷售部的辦公場所。也可以考慮將其列印到紙張上,分發給各銷售人員,讓他們張貼在自己的工作場所。如果有可能,將這些銷售人員再次召集起來,並向他們介紹最終確定的使命宣言。

## 遊戲討論

讓每個銷售人員寫出自己的使命宣言。發給他們一些精美的紙張，讓他們將這些使命宣言列印出來，放在其辦公桌上，時刻激勵著他們履行這些使命！

# 71 你的產品知識

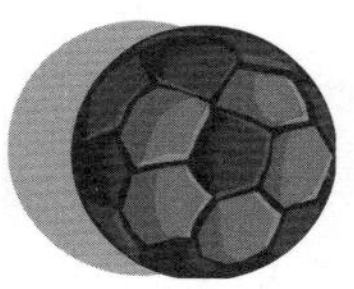

遊戲時間：15 分鐘

## 遊戲簡介

這是一個令人興奮的遊戲，遊戲中要求檢測受訓者對產品知識的掌握程度。

## 遊戲主旨

本培訓遊戲是測試銷售人員對產品知識的掌握程度。

## 遊戲材料

一張活動掛圖紙和若干標籤(也可以用一盒約 12cm×17cm 大小的卡片代替)；發給獲勝小組的一個小獎品。

## 遊戲步驟

1. 從公司所銷售的產品中找出 5 種產品，並針對每種產品分別設計 4 個問題並附上答案。對於某個產品的問題，應當從易到難依次排列。

2. 用活動掛圖紙製作一個遊戲板，把產品類型排列在最上端，並對每一行的問題賦以分值(例如，第一行的問題 10 分，第二行的問題 20 分，以此類推)。

3. 把銷售人員分成若干小組，每組 4 人為宜。在遊戲正式開始之前，向參與者介紹遊戲的規則：從遊戲板的左上角開始，每給出一個答案，他們必須說出對應的問題，該小組中同意該回答的成員要舉手。

4. 宣讀某個答案，如果某個小組的所有成員都舉了手。那麼就可以請其中的任意一個銷售人員說出對應的問題。如果回答正確，則給該組加上相應的分數，否則不得分。回答正確後，由該組任意選擇下一個答案。

5. 在遊戲板上把那些已經宣讀過的答案劃去，或者把相應的卡片移走。在遊戲過程中，要把那些銷售人員比較難以回答的問題記錄下來，在遊戲結束時可以對這些問題進行回顧。

6. 同時，在遊戲過程中，要把各組的得分記錄下來，並給那個獲勝的小組頒發一個小小的獎品。

銷售故事

## 賣大蒜的商人

有一位商人，騎著駱駝，帶著兩袋大蒜，一路跋涉到了一個遙遠的國家。那裏的人們從沒見過大蒜，更想不到世界上還有味道這麼神奇的東西，因此，他們用當地最熱情的方式款待了這位商人，臨別給他兩袋金子作為酬謝。另有一位商人聽說後，不禁為之動心，他想：大蔥的味道不也很特別麼！於是他帶著蔥來到了那個地方。那裏的人們同樣沒見過大蔥。甚至覺得大蔥的味道比大蒜的味道還要好！他們更加盛情地款待了商人，並一致認為，用金子遠不能表達他們對這位遠道而來的客人的感激之情，經再三商討，他們決定贈與這位商人兩袋大蒜！

做市場往往如此，搶先一步，佔儘先機，得到的是金子；而步入後塵，得到的可能就是大蒜！市場上，只有高效高速的企業才能搶得先機，行銷的關鍵就是快、準、狠！

心得欄

# 72 找出產品的特徵

遊戲時間：20 分鐘

## 遊戲簡介

在本培訓遊戲中，要求每個參與者找出產品的特徵所對應的功用，以此來引導整個銷售隊伍的團體思考能力。

## 遊戲主旨

遊戲目的是讓參與者理解產品特徵與功用之間的聯繫，增加銷售人員對產品的瞭解。

## 遊戲材料

卡片若干；幻燈片。

## 遊戲步驟

1. 培訓師將空白卡片發給參與者，要求每人選擇產品的某一特徵，並將其寫在卡片的頂部(在繼續遊戲之前，要保證各個參與者所選擇的特徵沒有重覆)。

2. 讓參訓人員圍坐成一個圓圈，將所有卡片交給其中的一位。他必須挑選一張卡片，在上面寫下對應著該產品特徵的一個功用。然後由第一個人將其餘的卡片傳遞給右手邊的人，第二位銷售人員也必須挑選一張卡片，在上面寫下對應該產品特徵的一個功用。每一次傳遞所需要的時間：為 30～60 秒(隨著遊戲的推進，其難度會越來越大，因為越明顯的功用，往往越早被選出來)。卡片的傳遞持續進行下去，直到每一位銷售人員都在每一張卡片上寫下一項功用為止。

## 73 五個「W」

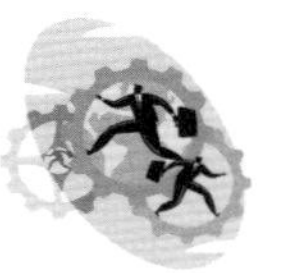

遊戲時間：10 分鐘

### 遊戲簡介

在遊戲中，銷售人員將回答 5 個「為何」問題，以做好拜訪客戶前的準備工作。

### 遊戲主旨

培養受訓學員要隨時做好面對客戶的準備，增加拜訪成功的機率。

### 遊戲材料

計時錶一個、各種顏色的即時貼若干，一塊供各個小組粘貼即時貼的白板。把白板分成 5 欄，並分別寫上如下標題：何人(Who)、何事(What)、何地(Where)、何時(When)、為何(Why)。

## 遊戲步驟

1. 設想有一個公司可能成為你們的客戶，並且你必須準備好關於該公司的介紹，介紹可以包括下列內容：

⑴公司名稱與地址。

⑵關於公司的一些其他資訊：具體位置、規模、經營的產品和售後服務等。

⑶公司各種決策者或能夠影響決策的人員及其資料背景。

⑷該公司與本公司的關係(以往的合作和競爭等)。

2. 與銷售人員共同回顧了在拜訪之前做好準備工作的重要性之後，把他們分成幾個小組(每個小組使用的即時貼顏色不同)。

3. 向大家介紹這家公司的情況，並且說明你將就 5 個「W」(即何人、何事、何地、何時、為何)各提一個問題，每個小組有 30 秒鐘的時間討論這個問題的答案，然後讓其中一人把答案寫在即時貼上並將其粘貼到白板上。

4. 那個小組第一個把答案貼到掛圖或者白板上，該小組就取得一分。你所要提出的問題如下：

⑴你將拜訪這家公司的什麼人？

⑵什麼時間是你們見面的最佳時機？

⑶什麼地方是見面的最佳場所？

⑷你希望得到什麼樣的結果？

⑸你為什麼要同他們見面？

在遊戲快要結束時，給那個得分最高的小組頒發一個小獎品，並請各組把他們自己的即時貼取下來，花一兩分鐘時間總結一下他們拜訪客戶的整體計劃，然後向大家做個介紹。

### 遊戲討論

向參加遊戲的銷售人員指出，雖然這個遊戲比較簡短而且有趣，但拜訪客戶之前的準備工作是客戶管理戰略中非常重要的一個組成部份。

## 74 它對我有好處

遊戲時間：30 分鐘

### 遊戲簡介

本培訓遊戲適用於對那些已經掌握了產品基本知識的銷售人員。

在本遊戲中，銷售人員將通過回答「它對我有什麼用？」這個問題，把注意力集中到產品能夠給客戶帶來何種功用上。

### 遊戲主旨

模仿銷售時的客戶的心態，讓受訓學員能更準確的抓住客戶的心理活動，從而促成銷售。

### 遊戲材料

撲克牌、或者其他用來象徵功用的小玩意兒。

## 遊戲步驟

1. 回顧產品特徵與功用的概念，並且強調：成功的銷售人員特別關注的問題是，他們所提供的產品或者服務能夠給客戶帶來那些功用。

2. 向每個參加遊戲的銷售人員分發兩個象徵功用的小玩意兒，然後向大家解釋：在遊戲過程中，每個人將依次走到大家的前面，就某個熟悉的產品做簡短的介紹。根據參與遊戲的銷售人員人數和可用於本遊戲的遊戲時間來確定每個介紹允許佔用的時間。如果銷售人員較多，而可用時間較少，可以將他們分成兩三個組分別進行。

3. 當某個銷售人員在進行介紹的時候，其他人要仔細聆聽，並找出產品的功用。如果發言的銷售人員提到了產品或者服務的某項特徵，卻沒有講出對應的功用，聽眾中的某個人就站起來，提出「它對我有什麼用？」這個問題，同時把一個小玩意兒交給該發言者。這時，發言者就必須說出該項特徵對客戶的功用，然後再繼續介紹（說明：發給每位參與者兩個象徵功用的小玩意兒，是為了避免整個遊戲被個別特別活躍的人佔用過多的時間）。

## 遊戲討論

向那些一個象徵功用的小玩意兒也沒有收到的銷售人員頒發一個小獎品、獎狀或者其他小禮物。

# 75 確定銷售目標

遊戲時間：15 分鐘

## 遊戲簡介

在本培訓遊戲中，銷售人員將以團隊競賽的方式，找出拜訪客戶的合理目標。

## 遊戲主旨

讓受訓學員瞭解，在拜訪客戶(不管是用電話還是親自上門)之前，確定具體目標的重要性。

## 遊戲材料

幻燈片、活動掛圖。

### 拜訪客戶的目的

1. 此前你們已經參加了一個商品交易會，現在你正要向客戶打電話，目的是向客戶通報你們最近推出的一系列桌上辦公用品。

不好。因為注意力集中在銷售人員身上，而不是如何向客戶表示關心，從而向達成交易邁進一步。

2. 在與客戶進行了幾個月的接觸後，你正要向他們做簽約前的最後一個介紹，目的是爭取客戶與你簽約，從而讓你成為他們的獨家供應商。

很好。因為這個目的把注意力集中在如何讓客戶採取實質性的行動上。

3. 你將要與客戶公司的採購委員會舉行會談，目的是向他們介紹自己的公司和兩個產品系列——這些產品能夠滿足在前幾次會談上客戶提出的各種需要。

不好。因為注意力集中在銷售人員自身的行動上，而不是客戶將採取什麼行動，使接觸朝達成交易的方向前進。

4. 頂級鎮紙公司是你多年的老客戶，事實上他們是你所銷售的高級樹脂的大客戶。你將拜訪這家公司的生產經理，目的是讓他為你引見新任採購經理。

很好。因為它表示生產經理將採取一些行動，幫助你新任採購經理建立聯繫。

5. 你通過自己的關係網路知道了一個人，你拜訪他的目的是認識這個人，並且爭取與對方確定一個具體的遊戲時間：進行深入的交談。

很好。因為這個目的把注意力集中在他將採取什麼行動上。

6. 你是一個減肥中心的工作人員，你正要會見一個減肥成功的客戶，目的是向對方說明簽訂終身會員的好處。

不好。因為沒有把要爭取該客戶同意的內容包括在內。

7. 你們公司正要舉行一次會議，主題是未來 10 年的技術發展，你給客戶打電話的目的是向他們通報日期、時間和地點。

不好。因為它把注意力集中在銷售人員自身的行動上，而不是這些可能參加這次會議的客戶將會採取什麼行動上。

## 遊戲步驟

1. 仔細閱讀幻燈片上的內容。可以使用下面這個示例：第一個電話的目的是確定某人確實需要自己銷售的產品或者服務，衡量的標準是是否確定與決策者見面。提醒參加遊戲的銷售人員，每一次接觸的目的都是向簽訂合約邁進一步。

2. 把參與者分成若干小組，並告訴他們：你將宣讀一個拜訪客戶的目的，而他們的任務就是判斷這個「目的」的有效性。

3. 所有小組成員必須同時舉手，以表示該小組達成了一致意見。你可以請出最先全部舉手的小組中的任意一個成員，讓他給出該小組的答案和選擇該答案的理由。每次正確回答一個問題，該小組就得到一分，向那個得分最多的小組頒發一個小獎品。

4. 保持遊戲以快速的節奏進行。

## 遊戲討論

結束遊戲後，與大家一起回顧那些比較差的「目的」，並讓大家加以改進。

銷售故事

### 1英鎊打敗10萬英鎊

在英國有位孤獨的老人，無兒無女，又體弱多病，他決定搬到養老院去。老人宣佈出售他漂亮的住宅。購買者聞訊蜂擁而至。住宅底價8萬英鎊，但人們很快就將它炒到10萬英鎊了。價格還在不斷攀升。

這時，一個衣著樸素的青年來到老人眼前，彎下腰，低聲說：「先生，我也好想買這棟住宅，可我只有 1 英鎊。」青年並不沮喪，繼續誠懇地說：「如果您把住房賣給我，我保證會讓您依舊生活在這裏，和我一起喝茶、讀報、散步，讓您天天都快快樂樂的——相信我，我會用整顆心來關愛您！」

老人頷首微笑，揮手示意人們安靜下來，「朋友們，這棟住宅的新主人已經產生了。」老人拍著青年的肩膀，「就是這個小夥子！」

行銷是一本大書。裏面不僅有賤買高賣這樣的生意原則，還有著感情的溪流和人性的光輝。理性、情感和人性，共同構建了行銷世界的斑斕色彩。有些時候不能只想用金錢打動對方，還要學會用感情打動對方。

## 76 你真是棒極了

遊戲時間：15 分鐘

### 遊戲簡介

在本培訓遊戲中，參與者將看到各種圖片，以瞭解肢體語言和衣著在改善溝通效果中的重要作用。

## 遊戲主旨

本遊戲側重培養一些基本的技能，以確保他們的肢體語言和衣著能夠傳遞他們想要傳遞的資訊。

## 遊戲材料

人物形象複印件，人手一份；

一張空白活動掛圖、一塊白板，一隻記號筆。

## 遊戲步驟

1. 把參與者分成小組，然後把複印件分發給每個參與者，並要求他們指出材料上面這些人所從事的職業，以及這些人當時的感受。同時，他們還應當就得出這些結論的理由展開討論。

2. 5～7 分鐘後，讓每個小組介紹他們所得出的結論，並將他們得出的關於肢體語言和衣著有關的觀點寫在活動掛圖或者白板上。

## 遊戲討論

讓全體學員討論如下問題：

問題：你的肢體語言和衣著怎樣影響你與客戶之間的交流？

答案：如果你衣著與你的職位相符合，保持一個開放的姿態，並且稍微向後靠以示放鬆或者稍微向前傾以示你對交流頗有興趣(如圖 4、圖 5)，那麼你的客戶就會認為你比較友好、自信，並且對他的情況感興趣。相反，如果你採取封閉的姿態，雙手抱在胸前(如圖 1)，那麼你的客戶就會認為你處於一種防備的心態，如果客戶正面朝向你，而且保持生硬的姿勢，那麼這就可能表明他十分生氣或者感到沮喪。

問題：你可以採用那種姿勢在某些場合幫助緩和緊張的氣氛，例如當潛在或者既有的客戶進行抱怨的時候？

答案：保持開放的姿勢，身體稍微向前傾斜，表示你願意幫助他們找到問題的解決方案。

問題：為了在客戶心中留下一個更好的關於你自己和你銷售的產品或者服務的印象，你可以對自己的肢體語言和衣著做出那些改變？

答案：（現場回答，無標準答案。）

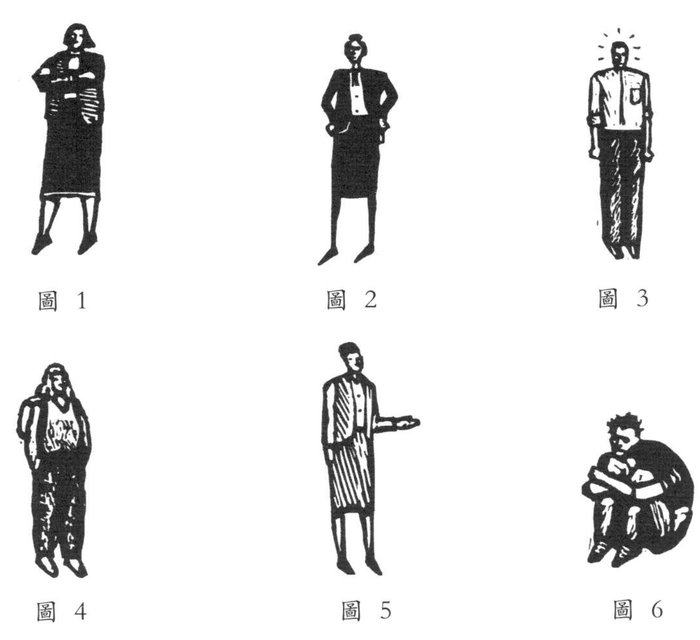

圖 1　圖 2　圖 3

圖 4　圖 5　圖 6

# 77 詞語接龍

遊戲時間：10 分鐘

## 遊戲簡介

本培訓遊戲由一個非常受歡迎的群體遊戲改編而來，參與者將以某個字開頭，進行即興對話。這個遊戲非常有趣。

## 遊戲主旨

可刺激快速思考，並幫助銷售人員提高與客戶攀談、並與之建立和諧關係的技能。

## 遊戲步驟

1. 把參與遊戲的銷售人員每兩個人分成一組，讓他們自己決定誰來扮演「銷售人員」，誰來扮演「客戶」

2. 在一輪遊戲結束後，互換角色。

3. 讓參與者自己設想一個銷售情境（註：你可能需要通過確定假想的產品或者服務，例如牙科器材、室內裝潢服務等，把範圍縮小一些）。而他們的任務是按照如下規則進行對話：銷售人員開始說第一句話，然後客戶則以這句話的最後一個字開頭做出應答，銷售人員再以客戶句子的最後一個字開頭接著說，直到其中一個人無法想出一個合適的句子。

### 遊戲討論

鼓勵銷售人員以最快的速度說出應答的句子，不要斟酌談話的內容。例如：

---

---

---

銷售人員：下週，我們的產品將以特價銷售。

客戶：期待其中有我們需要的產品。

## 78 每個人都不相同

遊戲時間：30 分鐘

### 遊戲簡介

在本遊戲中，銷售人員考察自己在商務交流中的偏好，並與顧客偏好進行比較。

### 遊戲主旨

本培訓遊戲在於讓受訓學員明白：針對不同顧客採取不同的銷售演講更具有代表性。

## 遊戲材料

複印材料，人手一份。

## 遊戲步驟

1. 讓大家看幻燈片，並告訴他們下面的事實：有些人偏向於關係導向型，有些人則偏向於任務導向型。關係導向型的人更多地從日常交往中結識他人，而任務導向型的人則更多地從共同工作中結識他人。讓參與者標出自己在 Y 軸上所處的位置。

2. 然後，說明另一個現象：現實生活中，有些人性子比較急，有些人性子比較慢。急性子的人一般做事情很快：他們走路快、說話快，做決策也快；而慢性子的人則正好相反，他們走路和說話都要慢得多，做決策也更加謹慎。和上面一樣，讓參與者標出自己在 X 軸上所處的位置。通過參與者對自己的評價，將他們歸入不同的象限。再讓大家想出與自己相處非常融洽的人，並將他們歸入不同的象限。然後再想出自己認為難以相處的人，也將他們歸入不同的象限。對得出的結果進行討論。

3. 將分發材料發給大家，並給幾分鐘讓他們瀏覽一遍。然後指出象限並無對錯之分，每個象限都有自己的優點和缺點。再向大家說明，位於不同象限的兩個人——尤其是當他們位於對立的象限中時——進行交易，會面臨很多問題。

4. 例如，當位於 Q1 象限的消費者遇到位於 Q3 象限的銷售人員時，他可能會認為該銷售人員顯得太霸道——因為 Q3 象限的銷售人員一上來就談生意。居於 Q2 象限的顧客可能會認為處於 Q4 象限的銷售人員不注重建立長期關係。

5. 讓參與者考慮他們當前和潛在的顧客分別屬於那個象限，並思考如何調整銷售演說，以使他們的顧客感到滿意。

Q1 型：

喜歡談論家庭、朋友、經歷過的活動或其他個人問題。

感激你花時間與之建立良好的私人關係或商業「友誼」。

喜歡交談，尤其是面對面交流。不喜歡被迫快速決策。

Q2 型：

喜歡談論自己的經歷。

願意花時間與他人建立良好的私人關係或商業「友誼」。

不喜歡瞭解無關緊要的細節，只想知道一些關鍵事實。

經常依賴私人關係進行快速決策。

Q3 型：

喜歡就工作展開討論，不願意閒聊。

希望獲得大量的資料。

不喜歡被迫快速決策。

通常會在分析完所有的細節之後才做出決策。

Q4 型：

希望開門見山談生意。

在完成工作與跟你成為朋友之間，他更在意前者。

可能會問很多問題，使你覺得自己好像是在被「審問」。

經常依賴事實(如書面概括的要點)進行快速決策。

# 79 找出顧客的需求

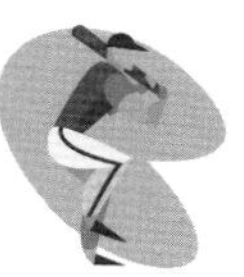

遊戲時間：10 分鐘

## 遊戲簡介

由銷售人員組成模仿顧客小組，在 1 分鐘內想出盡可能多的顧客需要。

## 遊戲主旨

本遊戲特別有助於銷售人員提高創造力，擺脫慣性思考。

## 遊戲材料

幾張活動掛圖紙，幾隻記號筆。每張活動掛圖紙的上半部份都有如下資訊：

顧客姓名、籍貫、年齡、職業、愛好、家庭情況。

## 遊戲步驟

1. 銷售人員分成 2～3 小組。給每個小組發一隻記號筆和一張活動掛圖紙。

2. 在不告知遊戲目的的情況下，要求各組填寫上述資迅來假想一位「顧客」。鼓勵他們設想各種有趣的人物特徵，時間為 1 分鐘。

3. 讓各小組根據他們想像出來的顧客的相關資訊，快速想出盡可能多的顧客需要。例如，如果你是賣服裝的，而顧客生活在明尼阿波利斯州，他可能就需要一件冬衣。

4. 1 分鐘後，要求各組把他們所寫的顧客需要念給大家聽。給在規定時間內想出最多顧客需要的小組，發一份小獎品。

銷售故事

### 最厲害的推銷員

一個鄉下來的小夥子應聘城裏百貨公司的銷售員。老闆問他：「你以前做過銷售員嗎？」

他回答說：「我以前是村裏挨家挨戶推銷的小販子。」

老闆喜歡他的機靈：「你明天可以來上班了。等下班的時候，我會來看一下。」

在百貨公司站一天對這個鄉下來的窮小子來說太長了，而且還有些難熬。快下班時，老闆過來問：「你今天做成了多少買賣？」

年輕人回答說：「只有一單。」

老闆很吃驚地說：「怎麼這麼少！我們這兒的售貨員一天基

本上可以完成二三十單生意呢。你賣了多少錢？」

「30萬美元。」年輕人回答道。

「你怎麼賣到那麼多錢的？」目瞪口呆、半晌才回過神來的老闆問道。

「是這樣的，」小夥子說，「一個男士進來買東西，我先賣給他一個小號的漁鉤，然後是中號的漁鉤，最後是大號的漁鉤。接著，我賣給他小號的漁線、中號的漁線和大號的漁線。我問他上那兒釣魚，他說海邊。我建議他買條船，所以我帶他到賣船的專櫃，賣給他一艘20英尺有兩個發動機的縱帆船。然後他說他的汽車可能拖不動這麼大的船。我於是帶他去汽車銷售區，賣給他一輛豐田新款豪華型汽車。」

老闆後退兩步，幾乎難以置信地問道：「一個顧客僅僅來買個魚鉤，你就能賣給他這麼多東西？」

「不是的，」鄉下來的年輕售貨員回答道，「他是來給妻子買毛線的。我就對他說，你的週末算是毀了，幹嗎不去釣魚呢？」

顧客的需求不是一成不變的，行銷人員完全可以自行開拓。行銷的最好方法就在於挖掘顧客需求，並放大顧客的需求。如果顧客買什麼就推銷什麼，行銷的效果肯定好不到那去。行銷人員不但要知道顧客想買什麼，還要知道怎樣讓顧客更想買什麼。

# 80 洗耳恭聽客戶的話

遊戲時間：10 分鐘

## 遊戲簡介

參與培訓的銷售人員評估、並改善自己的傾聽技巧。

## 遊戲主旨

善於傾聽顧客的談話，是銷售人員應具備的一項本領，有助於受訓學員銷售成功。

## 遊戲材料

複印材料。

〈資料一〉　你是一個好聽眾嗎？

現實生活中，有些人是好的聽眾，有些人則不是。但是，我們大多數人卻是居於兩者之間。在某種情況下，與某些人就某個主題展開討論時，我們確實是好的聽眾；在其他情況下，也許並不是好的聽眾。現在花一些時間來評估你的傾聽技巧。在評價你的傾聽技巧時，你認為下述人會如何給你打分？

分值為 1～5 分之間(其中 5 分表示最好)。

你自己______________________________

你的客戶____________________________

你的配偶＿＿＿＿＿＿＿＿＿＿＿＿＿＿＿＿＿＿＿＿＿＿＿＿

你的上司＿＿＿＿＿＿＿＿＿＿＿＿＿＿＿＿＿＿＿＿＿＿＿＿

你的同事＿＿＿＿＿＿＿＿＿＿＿＿＿＿＿＿＿＿＿＿＿＿＿＿

你最好的朋友＿＿＿＿＿＿＿＿＿＿＿＿＿＿＿＿＿＿＿＿＿＿

現在將這些得分加起來，並在下面線段上標出總分所處的位置。

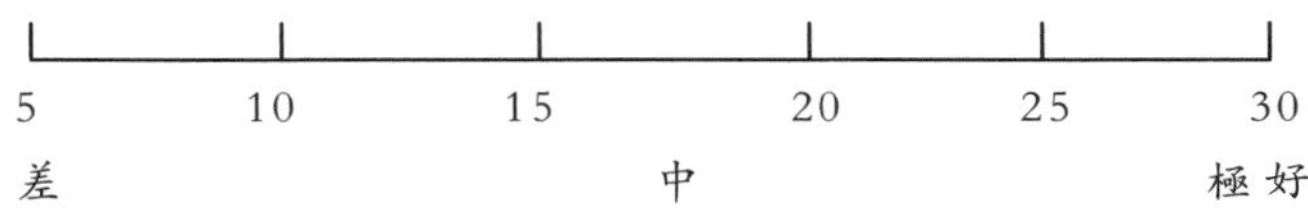


## 〈资料二〉　你是一個好聽眾嗎？

下面是一個不良傾聽習慣的列表，瀏覽一遍，並根據你自己的情況標上「下」（經常）、「S」（有時）或「R」（很少）。

1. 當我開小差時，我仍然裝作很注意的樣子。

2. 當我知道對方接著要講的內容時，我就打斷他們或代他們講完。

3. 別人和我說話時，我四處打量，看週圍都發生了什麼。

4. 當對方特別囉嗦或語速太慢時，我就整理桌上的紙張或開始做其他的事。

5. 別人說話時，我就在想自己下一步要說什麼。

6. 當對方語速太快或者用一些我根本不懂的詞時，我並不打斷他，能聽懂多少就聽懂多少。

在下週，你認為該如何來提高自己的聆聽技巧？

＿＿＿＿＿＿＿＿＿＿＿＿＿＿＿＿＿＿＿＿＿＿＿＿＿＿＿＿

## 遊戲步驟

給每位受訓學員分發上列兩則遊戲材料，讓他們在幾分鐘時間內完成評估，提出一個改進傾聽習慣的行動計劃。

## 遊戲討論

在遊戲最後，簡單討論一下傾聽在銷售過程中的重要性。通過出色的傾聽，你會有什麼收穫？不善於傾聽，你又將失去什麼？讓大家交流彼此的經驗，然後獨自完成關於傾聽的兩項評估，並提出一個改進傾聽習慣的行動計劃。

# 81 傾聽非常重要

遊戲時間：10 分鐘

## 遊戲簡介

本培訓遊戲通過一系列傾聽測試題，來檢測銷售人員的傾聽技能。

## 遊戲主旨

本培訓遊戲旨在讓銷售人員明白，傾聽在銷售中至關重要，只要懂得傾聽，銷售成功的機會將大大提高。

## 遊戲材料

紙和筆，每人一份。

## 遊戲步驟

1. 讓受訓學員對傾聽在銷售過程中所起的作用，進行簡短的討論。

2. 讓每位銷售人員拿出一張紙，並在左上角寫上自己的名字，說明你將宣讀 7 個問題，這些問題你只念一遍，他們要做的事情是認真聽，寫下題號及問題的答案，他們可以選擇做或者不做筆記。這個小測驗能夠測試傾聽技能。

3. 準備好後，開始念問題。先念完所有的問題，再回頭討論他們的答案。

(1) 你要到加利福尼亞(California)、威斯康星(Wisconsin)、佛羅里達(Florida)、南達科他(Dakota)及馬里蘭(Maryland)參加貿易展。這幾個州的英文名字那些含有字母「F」？

加利福尼亞和佛羅里達

(2) 你在一家食品經銷商「大 P」公司任職，負責土豆、土豆片、餅乾、汽水、花生、冰棍及花束的銷售。你們承諾隔天發貨。在星期四，客戶來傳真訂購汽水、花生、土豆及爆玉米花。你可以在週五發運訂單上的全部貨品，對還是錯？

錯。你們不賣爆玉米花。

(3) 你們給娛樂公園和狂歡樂園銷售各類遊樂設備。在你們的產品中，摩天輪有 F-443，F-1668，F-235，F-126，F-37 四個類別號。問有幾個類別號是四位數的？

一個，F-1668。

⑷你向農民推銷灌溉設備。奧馬哈的農民弗瑞德說他有 6 畝見方的農田需要灌溉，塔爾薩的農民杰瑞克說他有 6 畝面積的農田需灌溉。問他們農田的大小相同，你可向他們倆推銷同樣的設備，對否？

錯。儘管面積是一樣的，但農田形狀可能不同。6 畝見方表明農田是正方形的。而 6 畝面積，則農田可能是正方形的，也可能是狹長的，還可能是分成幾塊的。就此這裏體現出仔細傾聽並替別人考慮的重要性。

⑸你向水果攤推銷水果。在今天的幾次拜訪中，切尼先生買了一些桔子，雷蒙夫人買了一些梨，費格先生買了一些蘋果，基維夫人買了一些葡萄，貝裹夫人買了一些香蕉。問誰買了梨？

雷蒙夫人。

## 遊戲討論

討論時問銷售人員，有多少銷售人員在傾聽的同時做了筆記，他們是否覺得這樣做之後，遊戲會更簡單些。然後指出，做筆記這個簡單方法能大大改善傾聽的效果。最後問一下，有那些參與者按要求把名字寫在了紙的左上角。

# 82 你是否理解顧客

遊戲時間：15 分鐘

## 遊戲簡介

本培訓遊戲將教導銷售人員對顧客需要的理解進行確認。有些銷售人員經常在沒完全理解顧客需要之前，就大說一通，本遊戲可以幫助他們改變這個不良習慣。

## 遊戲主旨

主要培養受訓學員在面對不同顧客時，要先瞭解其內心的真實想法，再有針對性的與之對話。

## 遊戲材料

下列印刷材料，人手一份。

**確認你的理解**

第一步：使用確認語句

讓我確認一下

讓我確認我理解了你的要求

你要的是

我只是想確認一下

第二步：總結關鍵事實

你想比較一下住院的好處。

你想查一下是否有座位。

你關心價格。

第三步：詢問你的理解是否正確

我理解的對嗎？

對嗎？

我的理解正確嗎？

對不對？

是不是這個意思？

第四步：(必要時)澄清誤會

## 遊戲步驟

1. 讓受訓學員瀏覽所給出的關於如何確認理解的具體步驟。然後發給每位參與者一張白紙，告訴他們你馬上會讀幾句消費者可能會說的話，而他們要記下聽到的關鍵事實，並採用給出的四個步驟，來確認他們的理解。一旦他們準備好了確認語句，就立即站起來。

2. 讀出下面的句子，並讓最先站起來的銷售人員讀出他們的確認語句。

⑴我們打算 4 月 10 日帶隊參觀動物園，包括 10 名兒童、4 位超過 18 歲的成年人和 4 位老人，這 4 位成年人中有 2 個是學生。你們對學生或老年人打折嗎？有沒有團隊購票優惠呢？

⑵我想買台電腦給我的女兒作為生日禮物。我需要適合她這個年齡——9 歲——的所有軟體，但我不知道這些軟體有那些。還有，我不知道該花多少錢，買那種機型的較好。我不可能花很多錢，但我希望買的東西能對她有用。

⑶有綠色、紅色和藍色的嗎？好，我要 24 個——每樣 8 個。

3. 將銷售人員分成兩人一組。首先由其中一人想出一句在工作中可能會聽到的複雜的話，對方練習確認他的理解。然後讓兩人交換角色，並重覆上面的步驟。

銷售故事

## 永遠有座位

有一個人經常坐火車出差，多數情況下只能買到站票。可是無論車上多擠，他總能找到座位。

他的辦法其實很簡單，就是耐心地逐節車廂找過去。這個辦法看上去似乎並不高明，但卻很管用。每次，他都做好了從第一節車廂走到最後一節車廂的準備，可是每次他都用不著走到最後就會發現空位。他說，這是因為像他這樣鍥而不捨找座位的乘客實在不多。經常是在他落座的車廂裏尚餘若干座位，而在其他車廂的過道和車廂接頭處，還是人滿為患。

他說，大多數乘客輕易就被一兩節車廂擁擠的現象迷惑了，不大細想在數十次停靠之中，從火車十幾個車門上上下下的流動中蘊藏著不少空座的機會；即使想到了，他們也沒有那一份尋找的耐心。眼前一方小小立足之地很容易讓大多數人滿足，為了一兩個座位背負著行囊擠來擠去，有些人也覺得不值。他們還擔心萬一找不到座位，回頭連個好好站著的地方也沒有了。這些不願主動找座位的乘客大多只能在上車時最初的落腳之處一直站到下車。

許多企業進入一個飽和的行業之中就如同那些站在過道和

車廂接頭的旅客一樣，找了一個生存之所就再無進取之心。其實市場並不總是飽和的，機遇只有那些耐心去尋找座位的旅客才能得到。

# 83 說服客戶買玩具

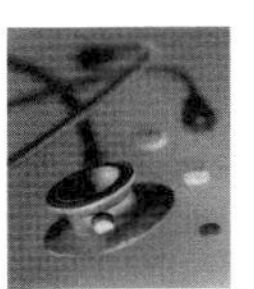

遊戲時間：20 分鐘

## 遊戲簡介

從盒子裏選擇一個玩具，並且說服在場人員購買這件玩具，培訓銷售人員為顧客介紹產品優點的能力。

## 遊戲主旨

加強受訓學員對自己產品的認識，向顧客介紹自己產品時，要善於抓住產品特點作介紹。

## 遊戲材料

幻燈片；

一隻裝滿兒童玩具的盒子；

空白紙張，參與者把所聽到的玩具優點記錄在紙張上；

計時錶；

獎品。

### 特色和優點

特色：是一項產品或服務與眾不同的要素或品質。

「我們生產的防曬霜的日光防曬指數(SPF)是 15。」

優點：是產品特色對顧客而言所具有的價值。

「這意味著可以較長時間地坐在日光下而不會被曬傷。」

## 遊戲步驟

1. 和銷售人員一起看幻燈片，強調在銷售介紹中表明產品優點是非常重要的。

2. 要求銷售人員從玩具盒中選擇一個玩具，在 1 分鐘內對玩具優點做盡可能詳盡的闡述，最終目的是說服聽眾購買他們的玩具。

3. 分發空白紙張，在做介紹的過程中，團隊中其他成員聆聽產品的優點，並把這些優點快速記在紙上，每次介紹完後，詢問團隊成員聽到了多少項優點。

4. 給銷售人員 2 分鐘時間準備他們的介紹，隨後開始遊戲。介紹中，列舉優點最多的銷售人員將獲得一份獎品。

心得欄 ------------------------------

# 84 推銷競爭

遊戲時間：25 分鐘

## 遊戲簡介

通過這種遊戲方式，銷售人員可以練習介紹產品和說服顧客的技巧。

## 遊戲主旨

訓練培訓人員從競爭中脫穎而出，這對於現代銷售而言，是極為重要的。

## 遊戲材料

如下複印件；紙張；鋼筆；膠帶；計時錶。

| 棕 色 | 橙 色 |
|---|---|
| 黃 色 | 白 色 |
| 粉紅色 | 黑 色 |
| 褐 色 | 藍 色 |
| 灰 色 | 紅 色 |
| 紫 色 | 綠 色 |

## 遊戲步驟

1. 複印一份所提供的表格，沿虛線剪開。遊戲前，在銷售人員尚未進入房內時，把寫有每一種顏色名稱的小紙條貼在每個人的椅子下面。

2. 告訴銷售人員，他們將通過對產品進行簡短介紹來展開競爭，隨後遊戲開始。遊戲的目的是讓「聽眾」(即其他的參與者)選擇他們的產品。所有的介紹結束後，團隊將會投票，選出誰的介紹最具有說服力。

3. 受訓學員將有 5 分鐘的時間來準備各自的介紹，介紹時間最長不超過 1 分鐘。最後，讓他們知道，他們每人要對「顏色」這種無形的產品做介紹，可以口頭表述，也可以做一些表演來達到目的，即讓聽眾選擇他們的「顏色」，而不是別人的「顏色」。

4. 讓他們低頭瞧自己椅子下的紙條，開始準備，5 分鐘後，要求其中的一位開始 1 分鐘的介紹。繼續下去，直到每人都輪了一遍，然後進行投票，以確定獲勝者。

## 遊戲討論

花上幾分鐘對遊戲作一個總結，討論什麼是有效的介紹，以及怎樣才能把它應用到銷售環境中去。

# 85 有時候你要說「不」

遊戲時間：20 分鐘

## 遊戲簡介

扮演「不能滿足顧客要求的銷售人員」，學會不得不說「不」的時候，銷售人員具體應該做些什麼。

## 遊戲主旨

旨在要求銷售人員面對顧客需求不能滿足時，要學會說「不」的技巧，以爭取可能獲得的銷售。

## 遊戲材料

幻燈片資料。為每一位銷售人員準備一份《說明》的複印件。為團隊中的一半銷售成員準備角色扮演#1 的複印件，為團隊中的另一半銷售人員準備角色扮演#2 的複印件。

幻燈片資料——當你不得不說「不」的時候

1. 表示能理解對方
2. 告訴顧客你所能做到的
3. 解釋原因(如果必要的話)

## 遊戲步驟

1. 銷售人員有時候不能滿足每一位顧客的要求，對這種情況進行討論。例如，顧客有可能想要他們無法提供的某種產品或某項服務，或者是顧客想要的某種產品現在沒有庫存，等等。

2. 當銷售人員不能滿足顧客需求，或是不得不告訴顧客壞消息的時候，重要的是要記住做好 3 件事。要受訓學員看幻燈片：

⑴表示能理解對方

⑵解釋原因(如果必要的話)

⑶告訴顧客你所能做到的

3. 讓團隊知道，他們將會參加兩個簡短有趣的角色扮演遊戲。把團隊分為若干小組，每組兩人。給每一位銷售人員一份《說明》的複印件。

4. 把角色扮演#1 中的銷售人員的角色分配給小組中的一位成員，把角色扮演#1 中的顧客的角色分配給小組中的另一位成員。給他們一些時間溫習角色，提示他們可以參考幻燈片上所列的步驟。

5. 回答所有的疑問，隨後開始角色扮演遊戲。把對角色進行反饋所花的時間計算在內，他們一共只有 5 分鐘的時間。

6. 為第一輪的角色扮演遊戲做一個總結，隨後要求參與者互換角色。把角色扮演#2 中的銷售人員的角色分配給第一個角色扮演遊戲中扮演顧客的成員。把角色扮演#2 中的顧客的角色分配給第一個角色扮演遊戲中扮演銷售人員的成員。給他們幾分鐘的時間溫習角色，隨後開始第二輪的角色扮演遊戲。5 分鐘後，對角色扮演遊戲做一個總結。

如果還有時間：要求銷售人員列出他們不得不拒絕顧客要求，

或是告訴他們壞消息的場合，在掛圖或白板上記下這些回答。把銷售人員分為若干小組，每組三四人，給每一個小組分配一兩個場合。要求他們參考幻燈片上所列的步驟，提出可行的說法。這些說法既能夠告訴顧客負面的消息，又能夠給他們留下一個好的印象。

遊戲說明：

當你是銷售人員時：

1. 在開始角色扮演遊戲前，通讀全頁。
2. 運用你劇本上的說法來歡迎顧客。
3. 運用你劇本上的資訊來答覆顧客的要求。
4. 參考房間中張貼的步驟，運用恰當的方式來說「不」。
5. 顧客會告訴你什麼時候角色扮演遊戲結束。

當你是顧客時：

1. 在開始角色扮演遊戲前，通讀全頁。
2. 當銷售人員歡迎你時，運用你劇本上第一個說法作答。
3. 繼續下去，直到銷售人員已給予你所要的所有資訊。
4. 按照你劇本上的說明，結束角色扮演遊戲。
5. 基於劇本上的資訊，簡短地對銷售人員的表現作一反饋。

如何進行反饋：與銷售人員討論角色扮演遊戲，並且對他運用正確的步驟表示祝賀。如果銷售人員沒有用適當的技巧來答覆你的要求，按照分發給你的材料複印件，簡短地指出原本應該做什麼。切記，在為同伴提供反饋意見的時候，重要的是支持、鼓勵和誠懇。

銷售人員角色#1

你是食品器材公司的現場銷售人員。食品器材公司是一家食品和餐飲設備的大型批發商。

下面是你能做到的：

1. 提供超過 4000 種的器材產品

2. 根據信用許可，安排 20 天的顧客結帳期

3. 保證早上 9 點鐘之前發貨

下面是你無法做到的：

1. 提供乳製品、農產品，或者其他鮮活產品

2. 給予超過 20 天的結帳期

3. 保證在清晨發貨

向顧客表示問候，你說：「早上好，我是食品器材公司的某某。感謝您來電話安排約見，今天我能為您做些什麼呢？」

顧客會讓你知道什麼時候結束電話銷售。

顧客角色#1

你擁有一家餐館，你打電話給食品系統公司，要求約見一位銷售人員，商討他們的食品批發服務。你說：「我正在為餐館尋找一家新供應商。你們可以提供農產品和乾貨嗎？」

銷售人員應該讓你知道他們不提供農產品，但是他們有超過 4000 種的系列產品。

銷售人員回答完你的第一個問題後，你說：「我們是在清晨做飯菜，所以我們往往需要在早上大約七、八點鐘的時候供貨。你們能在這個時間之前發貨嗎？」

銷售人員應該告訴你，他們能保證在早上九點鐘之前發貨。

銷售人員解釋完他們的發貨時間安排後，你說：「還有一件事，對大額帳單我每月繳付一次。你能安排 30 天的結帳期嗎？」

銷售人員只能安排 20 天的結帳期。

你的問題得到答覆後，你說「謝謝。我將看一看帳簿。如果可以的話，我會給你打電話的。」來結束角色扮演遊戲。

銷售人員角色#2

你是快網公司的內部銷售代表。快網公司是一家網際網路接入供應商。

下面是你能做到的：

1. 提供前 3 個月試用費用總計為 49 美元的優惠價(3 個月後，每月服務費為 20 美元)

2. 提供網上技術支援(通過電子郵件)，並且在接到請求技術支援的電話後，於 4 小時之內提供技術支援

3. 隔夜送達軟體安裝包

下面是你無法做到的：

1. 提供免費的試用預訂

2. 通過電話，提供即時的技術支援

3. 在他們安裝完軟體之前，把他們接入網際網路向來電者表示問候，你說：「早上好，快網公司。我是某某，我可以為您做些什麼呢？」

來電者會讓你知道什麼時候電話銷售結束。

顧客角色#2

你打電話給快網公司，一家網際網路接入供應商。當銷售人員向你問候時，你說：「我想接入網際網路，並且我聽說一家公司提供 10 天的免費試用期。你們可以這樣做嗎？」

銷售人員應該對你說「不」，並讓你知道他們的試用優惠期。

銷售人員解釋完試用優惠後，你說：「好吧，一旦我建立了連接，出現問題怎麼辦？你們有一直開通的服務電話嗎？」

銷售人員應該告訴你如何獲得技術支援。

銷售員解釋完如何獲得技術支援後，你說：「好吧，聽起來相當

不錯。你能馬上就幫我連上網嗎？」

銷售人員應該讓你知道，你必須首先安裝軟體，並且應該付費採購買它。

銷售人員已經回答完你的問題，你說：「聽起來不錯。讓我看看我的信用卡，等會兒再跟你聯繫。」來結束角色扮演遊戲。

## 遊戲討論

當拒絕你的要求時，銷售人員是否運用了所列的步驟？

銷售故事

### 聰明的報童

有兩個報童在賣同一份報紙，兩人是競爭對手。一個報童很勤奮，每天沿街叫賣，嗓門也響亮，可每天賣出的報紙並不很多，而且還有減少的趨勢。另一個報童肯用腦子，除了沿街叫賣外，他還每天堅持去一些固定場所，先給大家分發報紙，過一會再來收錢。地方越跑越熟，報紙賣出去的也就越來越多，當然也有些損耗，但很少。漸漸地，肯用腦子的報童的報紙賣得更多，勤奮的報童能賣出去的就更少了，不得不另謀生路。

肯用腦子的報童的做法大有深意：首先，在一個固定地區，對同一份報紙，讀者客戶是有限的，買了我的就不會買別人的。我先將報紙發出去，這些拿到報紙的人肯定不會再去買別人的報紙。等於我先佔領了市場，我發得越多，他的市場就越小。這對競爭對手的利潤和信心都構成打擊。其次，報紙這東西不像別的消費品有複雜的決策過程，隨機性購買多，一般不會因品質問題而退貨。而且錢數不多，大家也不會不給錢，今天沒零錢，明天也會一塊給，不會為難小孩子。再次，即使有些人看了報，退報不給錢，也沒什麼關係，一則總會積壓些報紙，二則他已經看了報，肯定不會再買同一份報紙，沒有給競爭對手機會，還是自己的潛在客戶。

大家都看到的市場必然是沒有利潤的市場，企業如果想獲得較高的市場佔有率就必須要學會開拓市場、創造市場。僅僅抓住現有客戶是沒有意義的，因為所有的競爭對手都會這樣做。關鍵是如何發現潛在顧客，並將他們開發出來。

# 86 解決銷售問題的「炸彈」

遊戲時間：20 分鐘

## 遊戲簡介

此遊戲針對銷售環境中的常見問題，要求受訓學員暢所欲言，討論解決方法。

## 遊戲主旨

讓受訓學員從團隊的集體智慧中獲益，找到克服困難的多種解決方案。

## 遊戲材料

幻燈片複印件。

**銷售中常見的問題**

1. 你無法與顧客取得聯繫
2. 顧客拿不定主意
3. 顧客與另一家供應商已有長期的業務關係
4. 你的公司無法滿足訂單需求
5. 顧客目前沒有資金

## 遊戲步驟

讓團隊成員瀏覽幻燈片，並添加銷售人員碰到的常見問題。

## 遊戲討論

1. 讓銷售人員圍成一圈坐下，鼓勵大家暢所欲言。針對一系列常見問題，依次進行討論。要求團隊集思廣益，提出解決方案或建議。對每一個問題，試著記下至少三種方案，並且確信你或其他人作好了記錄。

2. 遊戲結束後，列印這些解決方案，取名為「解決問題的炸彈」，並給每位銷售人員複印一份留在手上。

# 87 如何挽回

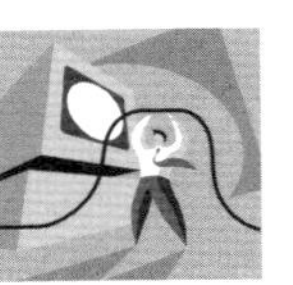

遊戲時間：15 分鐘

## 遊戲簡介

遊戲中，參與者假設他們已經失去了一宗業務，現在必須要把它贏回來，列舉完所有的可行步驟後，他們要確保自己目前正在著手實施這些步驟。

## 遊戲主旨

為受訓學員設想在銷售中遇到的重大情況，例如失去一個大訂單，以及採取的必須措施。

## 遊戲材料

為每位銷售人員準備一份如下的複印件。

我最大的一項業務是：________________________

如果失去這項業務，有下列後果：________________

________________________________________

________________________________________

為贏回這項最大的業務，我應採取的步驟：

________________________________________

## 遊戲步驟

1. 要求銷售人員在分發的材料上寫下他們最大的一項業務。現在要求他們閉上眼睛。設想電話鈴響了，是這項業務的聯繫人打來的電話，告訴銷售人員業務被終止，並且此項業務將會和另一家供應商合作。讓銷售人員想像一下，失去這項業務後將會發生什麼。

2. 60 秒後，讓銷售人員睜開眼睛，回答分發材料上的第一個問題。

3. 現在要求銷售人員獨立(或以小組的形式)開展工作，制定行動方案，以贏回這項業務。

4. 他們可以與主要聯繫人會面，探知業務終止的真正原因，檢討自己的表現，也可以審查產品的價格結構，或者還可以發展其他聯繫人。

5. 兩三分鐘後，要求銷售人員看一遍他們所列的行動方案，在他們已經實施的行動旁邊作記號。如果仍有尚未實施的行動，則要求銷售人員在 24 小時之內開始實施。

## 遊戲討論

1. 要求銷售人員閉上眼睛，想像行動方案圓滿完成後以及想像這項業務的主要聯繫人滿意的神態。啟發受訓學員認為重建顧客與推銷員之間關係的辦法是什麼(許多推銷員忽視與他們的顧客進行這種討論)。

2. 討論成功的解決辦法不僅包括行動，而且包括時間。

# 88 克服價格異議

遊戲時間：20 分鐘

## 遊戲簡介

價格在銷售中往往佔有重要作用，這個遊戲就是安排一個讓銷售人員克服價格異議的機會。

## 遊戲主旨

針對客戶的反應，讓受訓學員練習克服產品價格異議的技巧。

## 遊戲材料

如下表中複印件；

一個盒子。

**克服對價格的異議**

| 劇情說明一 |
| --- |
| 你是四方旅行社的銷售代表。你和小陳夫婦正談到你們公司即將舉辦的一次航行。小陳夫婦已經認同了 24 小時開放的餐廳、船上瞭望台以及早晚的探戈教學等優點。當你提及價格時，小陳太太尖叫：「這要花多少錢？」 |
| 劇情說明二 |
| 你是茵曼公司的銷售代表，正向羅斯展示一處庭院。她已經認同了獨特的綠色和紫色條紋的太陽傘、配套的圓點花紋椅子，以及陽光充足等優點。當你 |

提及價格時，她尖叫：「這要花多少錢？」

劇情說明三

史蒂文想擁有好的體形，但是一直缺乏鍛鍊。他正在看你提供的新型運動手錶。他已經認同了脈搏指示器、內置里程表以及在走完一英里以前，手錶鬧鐘不會關掉等優點。當你提及價格時，史蒂文尖叫：「這要花多少錢？」

劇情說明四

你為舞會工作室工作。莎莉正考慮參加跳舞培訓，並且她已經認同了工作室地理位置方便、每次課都有大量合適的未婚男子以及在休息的時候提供蛋糕和飲料等優點。當你提及培訓價格時，莎莉尖叫：「這要花多少錢？」

## 遊戲步驟

1. 列出對顧客而言具有價值的產品優點，這樣做往往能夠克服對價格的異議。對上述現象進行討論。告訴銷售人員他們將會兩人一組，練習克服對價格的異議。

2. 把以上虛框表格的複印件剪成獨立的劇情說明，放進帽子裏。

3. 把銷售人員分為若干小組，每組兩人，要求每一個小組抽出一則劇情說明。小組成員協同工作，提出一種說法，以期克服顧客對價格的異議。他們還應該提出一個反問，以確認他們已經成功地克服了異議。

4. 給團隊講述下面這個例子：

如果一位顧客認同筆記本電腦的記憶體、運行速度、尺寸大小等優點，但是對其價格存有異議。銷售人員可以說：「這個價格看起來可能是高了點。但我們看一看整體情況：這台電腦的記憶體擴大了一倍，你買電腦時原裝的記憶體一般要比以後你再增加的記憶體便宜，因為你省掉了人工費；運行速度加快意味著你在幾秒鐘之內就可以在顯示器上看到資訊，而不用坐在那兒鬱悶地等待流程和資料的讀取；你說你經常出差，而這台筆記本電腦非常輕薄小巧。難道你不覺得這些優點勝過稍微貴一點的價格嗎？」

5. 給銷售人員 3 分鐘提出他們的想法，然後讓每個小組大聲交流各自的劇情說明和觀點。

銷售故事

## 推銷有時用耳朵比用嘴重要

有一次，一個人捉住一隻夜鶯，想把它殺死來吃。可是小夜鶯對他說：「你就是吃了我，肚子也還是不飽，人呀！你放了我，我給你三個忠告，它們能使你躲過災難。」

這個人答應放掉夜鶯，只要它說的是真話。

夜鶯說出第一個忠告：

「永遠別吃不能吃的東西。」

第二是：

「永遠別惋惜不能追回的東西。」

第三是：

「別相信愚蠢的話。」

這人聽了這三個忠告以後，把夜鶯放了。可是夜鶯想試一試他，看他領會了沒有。於是，飛到空中，對他說：

「噻！你真不該放了我！你要是知道了我肚子裏有什麼財寶的話，那你永遠也不會把我放了。我肚裏有一顆值錢的大珍珠，你要是能得到它，馬上就成財主。」

那人聽見這話，十分懊悔，朝空中跳去，要求夜鶯回來。

可是小夜鶯說:「現在我才明白你真笨。你根本沒聽懂我的話，你惋惜那不可能再追回的東西。而對愚蠢的話，卻深信不疑！你瞧瞧：我長得多麼小啊！肚子裏怎麼能放得下一顆大珍珠呢？」

說完它就飛走啦。

夜鶯的話裏是有話的，其實人只要認真的傾聽，是能從語言中悟出它的道理的。

在推銷員推銷中，傾聽是一門藝術。

作為推銷員，你如果想向別人表示自己對別人所說的話真正感興趣，你得做出急切地渴望傾聽的樣子，如此，推銷就輕輕鬆鬆。

作為一名好的推銷員，必須首先是個精明的聽眾。與別人談話時，若對方毫不在意，就趁早住口。

# 89 它不僅僅是一種水果

遊戲時間：10 分鐘

## 遊戲簡介

業務員應迅速瞭解產品的優點，在這個遊戲中，參與者通過列出常見「產品」(如香蕉)的特色和優點，學會交叉銷售或替代銷售。

## 遊戲主旨

有助於銷售人員快速、創造性地認識到一項產品的優點。

## 遊戲材料

幻燈片；

空白掛圖紙和記號筆。

## 遊戲步驟

1. 使用幻燈片，討論「特色」和「優點」的概念。提示銷售人員，顧客購買的是「優點」而不是「特色」。並且在交叉銷售或替代銷售時，指出優點尤為重要。

2. 把銷售人員分為 3～5 人的若干小組。闡明他們的任務是協同工作，列舉出一些常見「產品」的特色和優點。把下面所列的產品分配給每一個小組。

(1)一根香蕉；

(2)一枚安全別針；

(3)一根棒棒糖；

(4)一隻貓；

(5)一朵玫瑰；

(6)一塊巧克力點心。

3. 把一張空白的掛圖紙和一隻鋼筆分發給每一個小組。要求參與者列出他們產品的特色，然後再列出相對應的優點。找出優點的一種方法就是問：「那又怎麼樣呢？」例如，「我們生產的防曬霜的日光防曬指數(SPF)是 25。」「那又怎麼樣呢？」，「那樣你就可以較長時間地呆在陽光下而不會被曬傷。」

4. 4～5 分鐘後，要求每一個小組介紹他們產品的特色和優點。在介紹完每一項特色後，都要追問一句「那又怎麼樣呢？」，直到整個小組一致認為他們已經說出了引人注目的一項優點為止。

### 遊戲討論

針對公司的某種產品，讓每一個小組分別繪製一張記錄著該種產品特色和優點的表格。在做完介紹後，把該種產品吸引人的特色和優點匯總起來，複印一份，並把它分發下去用於實際工作中。

## 90 順勢加強銷售

遊戲時間：10 分鐘

### 遊戲簡介

銷售人員學會洞察加大銷售的良機，練習加大銷售的技巧。此遊戲適合那些有機會提升訂單價值的銷售人員，尤其是那些銷售新手。

### 遊戲主旨

培養銷售人員向上銷售的技能，以便贏得更多的銷售量，提升訂單價值。

## 遊戲材料

為每一位受訓學員準備一份《向上銷售》的複印件。為每四位銷售人員準備一份表格式的複印件資料，一頂帽子或一個籃子。

### 加大銷售(一)

當顧客訂購更多的數量能獲得價格折扣或是額外利益時，銷售人員往往會利用這個機會加大銷售。加大銷售時，需要指出對顧客有利的一點(為了表達我們的意思，我們已經在對顧客有利的地方加了下劃線)。加大銷售應是這樣的：

漢克先生，如果你能夠再增加 2 盒的訂購量，我可以每一件降價 2.48 美元。你認為怎麼樣？

吉米，我們這週商品優惠，有助於你節省開支。如果你訂購量達到 100 件的話，我可以給你 25%的優惠。你看怎麼樣？

我注意到你正在看那個挺不錯的旅行杯。如果今天你購物滿 45 美元，你就可以免費得到其中的一個杯子！我帶你去看一看我們的商品好嗎？

加大銷售的步驟如下：

1. 顧客解釋增加訂貨數量如何省錢，確信為顧客指出了這樣做的一項好處。

2. 求顧客訂購更多的數量。

### 加大銷售(二)

劇情說明一

你為當地的劇場工作。該劇場定期換演劇目，本季有 7 個劇目要上演。一位顧客買了其中 3 個劇目的預售票，每張票價為 35 美元。看一看他是否

| 有興趣買總價為 200 美元的季票一張。 |
|---|
| 劇情說明二<br>你在一家服裝店工作。一位顧客打算購買 2 雙襪子，每雙價格為 4.99 美元。商店正實行以 19.99 美元銷售 5 雙襪子的優惠。看一看顧客是否有興趣為了省錢而增加購買量。 |
| 劇情說明三<br>你在一家電腦店工作。你一直在回答托尼關於一台電腦的問題。看起來價格對托尼很重要，但是你知道另一台貴 150 美元的電腦包括了 3 個有用的套裝軟體。相比稍低一點價位的電腦再加上這 3 個套裝軟體的價格，將會為托尼省下 650 美元。看看托尼是否對此有興趣。 |
| 劇情說明四<br>你在銷售飯店用品。一位老客戶想要訂購 10 盎司和 12 盎司的紙杯各一盒。你現在正在舉行一項優惠活動：如果顧客訂購 4 盒任何種類的杯子，他們就可以免費再獲贈一盒。 |

## 遊戲步驟

1. 分發和查看《加大銷售》的分發材料。告訴銷售人員，他們將兩人一組練習加大銷售。

2. 把表格式複印件剪成獨立的劇情說明，並把它們放到帽子或籃子中。把銷售人員分為若干小組，每組兩人，要求每一個小組抽出一則劇情說明，隨後小組協同工作，提出加大銷售的說法。例如，假設抽到的劇情說明是：顧客訂購了一羅(1 羅＝144 隻)鉛筆。看一看顧客是否有興趣訂購兩羅鉛筆，每隻鉛筆可以優惠 5 美分。在這種情況下，可能會有如下的說法：「144 隻鉛筆的話，每隻 65 美分。米歇爾，如果你訂購 2 羅，每隻鉛筆我可以降價 5 美分，你看好不好？」

3. 給每一個小組兩三分鐘，提出他們的說法，隨後要求他們與團隊一起交流各自的說法。

銷售故事

## 熱愛你的職業

駱駝很羡慕牛頭上的兩隻角，自己也想得到一對，於是去神那裏請求賜予。神認為駱駝擁有強壯的身體，巨大的力量。這一切已經足夠，所以對它的過分要求很生氣，不但沒給它角，還奪去了駱駝耳朵的一部份。

世界上常常是「魚與熊掌」不可兼得，知足常樂是明智的。

在推銷工作中，如果推銷員本人都不熱愛自己的工作，那麼他在推銷中就很難使自己的工作進行得很順利。

心得欄

# 91 交叉銷售

遊戲時間：10 分鐘

## 遊戲簡介

當與客戶交談時，銷售人員應學會如何進行交叉銷售。

## 遊戲主旨

讓受訓學員練習交叉銷售的技巧，提高銷售成功的機會。

## 遊戲材料

為每位參與者準備一份《交叉銷售》的複印件，為每 8 位銷售人員準備一份表格式的複印件；

一個盒子。

## 遊戲步驟

1. 分發和查看分發材料《交叉銷售》。告訴銷售人員，他們將兩人一組練習交叉銷售。

2. 把表格式材料剪成獨立的劇情說明，並將其放到盒子裏。

3. 把銷售人員分為若干小組，每組兩人，要求每一個小組抽出一則劇情說明，隨後小組成員協同工作，提出交叉銷售的說法。例如，假設劇情說明是：顧客訂購了禮帽，看一看顧客是否對手套或是手杖也感興趣。在這種情況下，可以這樣說：

「順便提一下，湯瑪斯先生，我們還有一些品質很好的手套和一根非常漂亮的手杖。它們和你的禮帽搭配起來，非常引人注目。能允許我多介紹一下嗎？」

4. 給每一個小組兩三分鐘，提出他們的說法，隨後要求各組成員交流各自的說法。

## 交叉銷售(一)

交叉銷售時，你通過向顧客銷售互補品來提升訂單的價值。並且在交叉銷售時，你應該不時指出對顧客有利的一點。為了表達我們的意思，在下面的例子中，我們已經在對顧客有利的地方加了下劃線。交叉銷售應是這樣的：

你知道嗎，佩妮，很多訂購「Poster Maker」軟體的顧客都還會購買售價為 12.95 美元的多樂克斯剪貼藝術套裝軟體。這個套裝軟體非常有價值，並且很容易使用，它提供了 250 張圖像，可以把海報做得很吸引人。你願意將多樂克斯剪貼藝術套裝軟體一起買下嗎？

確認一下，我將給你 144 盒 90 分鐘帶長的 XR-90 盒式磁帶。順便提一下，我們正優惠銷售 60 分鐘帶長的 XZ-60 磁帶，你可以省下 15%的費用。你需要嗎？

威爾斯先生，你穿這件襯衫非常好看。我給你看一條和你的襯衫很般配的領帶。這條領帶不僅和你這件襯衫很般配，而且當你穿上藍色或白色的襯衫時，也可以繫這條領帶。這條領帶可以和多種襯衫搭配，品質很好，價格也非常合適。你想要把它買下嗎？

交叉銷售的步驟如下：

1. 提出一種說法，透過它來聯繫顧客已經訂購的產品和你想要交叉銷售的產品。

2. 描述你想要交叉銷售的產品，指出它的優點。

3. 要求顧客購買它。

## 交叉銷售(二)

劇情說明一

賈斯汀買了兩張到維爾京群島的船票，整個航程歷時 15 天。你知道他和他妻子喜歡有氧潛水。看一看他們是否願意讓導遊帶他們潛水游過聖約翰島旁邊的水下樂園。這個水下樂園薈萃了一些最漂亮的水下景觀。共需 4 小時，其中包括一頓中午的套餐，每位總共花費 150 美元。

劇情說明二

阿曼女士剛剛從你的高檔辦公用品目錄中選購了一塊非常昂貴的桌墊。看一看她對配套的一套筆和一個文件櫃是否有興趣。整個套件剛剛獲得令人嚮往的辦公用品大獎，並且只生產了 250 套。這套筆和這個文件櫃的零售價共計 685 美元。

劇情說明三

鮑勃剛剛和你簽署了一份協定，要求你每週為她提供修整草坪的服務。如果他每季採用你已獲得專利的除草和培育方案，草坪會看起來更好，長期維護起來也會更省錢。這項額外服務會使每月多開銷 25 美元，但是它能在除草和再次播種上節省費用和時間。

劇情說明四

南希一直在你的店裏採購服裝布料。顯然她自己並不知道怎麼做衣服。你同時也提供縫紉服務，儘管幫南希做衣服會多要她 400 美元，但是布料價值 700 美元，剪裁或縫紉不當的話，會很容易毀壞的。

# 92 批量購買更便宜

遊戲時間：15 分鐘

## 遊戲簡介

銷售人員協力工作，為購買大批量特定產品的顧客指出這樣做的好處。它有助於銷售人員理解加大銷售的基本銷售原則。

## 遊戲主旨

讓銷售人員瞭解加大銷售的益處，以增加他們的銷售量，獲得比預期訂單更高的價值。

## 遊戲材料

幻燈片；

紙張和鋼筆。

一打更便宜

1. 紙巾
2. 印表機
3. 墨盒
4. 鋼筆
5. 瓶裝水
6. 電影票

7. 短襪電腦

## 遊戲步驟

1. 詢問團隊成員，他們為何會批量購買什麼樣的產品。

2. 把銷售人員分為若干小組，每組兩三人，看幻燈片。要求他們指出批量購買產品會給顧客帶來的好處。針對每一件產品，鼓勵他們多指出幾種好處。

3. 過 10 分鐘後，順著幻燈片中依次出現的產品名稱，詢問各組他們認為顧客批量購買該產品所能得到的好處。銷售人員對產品進行介紹，在他們的引導下，顧客批量購買該種產品，討論顧客得到的好處，隨後結束遊戲。

# 93 簡潔的、切題的表達

遊戲時間：15 分鐘

## 遊戲簡介

當產品很複雜時，銷售人員需要把產品優點簡潔明瞭地表達給顧客；這個遊戲很適合這類銷售人員。

## 遊戲主旨

訓練銷售人員協力工作，把晦澀的說法改寫得簡潔明瞭，以表達出所銷售產品的優點。

## 遊戲材料

印刷材料；銷售人員人手一隻鋼筆。

## 遊戲步驟

1. 把銷售人員分為若干小組，每組兩三人。溫習「特色」和「優點」的概念，並且提示他們：顧客需要聽到的是明確的、簡潔的優點。

2. 給每一位銷售人員分發一份材料。要求他們以小組為單位，把材料上的兩種說法改寫成明確的、簡潔的、能突出優點的陳述。

3. 當小組正在改寫說法的時候，你可以查看參考答案。他們的回答應該與此類似。

4. 約 5 分鐘後，要求每一個小組講出它改寫好的第一個說法。讓團隊投票選出最簡潔明瞭的說法，給予獲勝的小組一件小獎品或進行表揚。

5. 再給每個小組 1 分鐘查看第二個說法，他們可以做任何的修改，以使第二個說法更為緊湊。然後要求每一個小組講出它改寫好的第二個說法。再一次投票，給予獲勝的小組一件小獎品或進行表揚。

材料：

1. 好的，巴羅斯先生，如果你決定購買我們的「準備」牌手電筒，它應該會比你現在所要支付的價格低，我們這些手電筒品質同樣可靠。現在每一季你大約需要 10 羅(1 羅＝144 隻)，每隻 6.50 美元。如果你購買我們的產品，你能夠每隻省下約 1 美元。

2. 好的，如果你不得不打電話，叫你現在的服務員來為你服務，並且一直等下去，直到他們把你所在街區的所有事情都處理好了以後，再來收拾你的行李，我敢斷定這往往會令你很失望。你知道，無論你何時打電話給我們，我們都會為你打點一切。事實上，我們保證：在接到你電話的 2 小時之內出現在你的辦公室裏。由於你單獨工作並且時常不在辦公室，你說過我們這樣做會不太方便。當這種情況出現時，如果對你來說更為方便的話，你可以把行李送到我們的辦公室。我們的辦公室位於這條街上。總之一切讓你最稱心！

〈參考答案〉

1. 巴羅斯先生，你如果轉而購買可靠的「準備」牌子手電筒，每年可以節省近 6000 美元。

2. 你是一位忙人。為了照顧到你的時間安排，我們提供了兩種方便的選擇：要麼我們在接到你電話的 2 小時之內整理你的行李，要麼你把行李送到我們的辦公室。我們的辦公室離你僅僅只有兩戶之隔。

銷售故事

## 到有魚的地方去釣魚

獸類與鳥類交戰，獸類屢戰屢敗，百思不得其解，每次都調整作戰計劃，更新作戰部署，但是每次都失敗。

過了幾天，獸類與鳥類又為爭一片水源展開了戰爭，這次，百獸之王獅子花了三天三夜想好了完善的作戰計劃，信心百倍地決定要拿下這場戰爭。

戰爭打響了，獅子親自披掛，但事與願違，還沒等獅子和眾獸把陣部好，鷹王就帶著一群飛兵以迅雷不及掩耳之勢包圍了獅子，最終獅王也成了鳥類的俘虜。

面對失敗，獅子服氣地問道：「我的作戰計劃是最好的，為什麼你們總是先我們一步就知道了。」

鳥類的參謀笑道：「你看到天上盤旋的鴿子嗎？你們的一舉一動，都在它的探視之下。」

自那以後，鴿子成了信鴿，也為人類的戰爭做出了很大的貢獻。

獸類之所以失敗，失敗在沒有自己的情報人員，不能夠知彼，而鳥類既能夠知己又能夠知彼，所以取得戰爭的勝利。

在推銷行業當中，所謂推銷情報，是指推銷信息，而情報來源，就是它的出處。能夠從各處建立的情報網中，捕捉推銷資訊，獲得輝煌的營業成績，是每一位推銷員憧憬的目標。談到情報搜集，往往被人視為輕鬆的工作，但要達成這一工作，卻隱藏著不為人知的努力，這就要求推銷員要有信鴿的本領。

# 94 顧客請進

遊戲時間：10 分鐘

## 遊戲簡介

廠商業務員有時必須激勵零售業販賣人員，促使販賣人員在工作中傾注創造力和激情。

## 遊戲主旨

本培訓遊戲目的是幫助零售業銷售人員找到問候、接近顧客的好機會。

## 遊戲材料

一個小的軟性球。

## 遊戲步驟

1. 要求參與者相隔 30 釐米站成一圈，並且告訴他們將要對慣用語「我可以幫你嗎？」提出它的替代說法。當一位參與者拿到球後，他必須給出問候顧客或是接近顧客的另一種說法。

2. 第一位發言的銷售人員表述完後，把球扔給一位參與者，又開始遊戲，繼續下去，直到每一個人都至少已經有了一次回答的機會。

# 95 體會銷售方式的變化

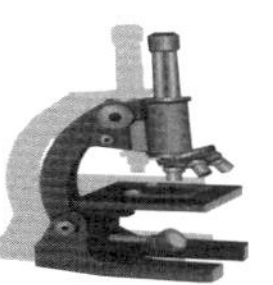

遊戲時間：根據程度而確定

## 遊戲簡介

本遊戲指出，那種銷售方式才是最受顧客歡迎的。

## 遊戲主旨

在本活動中，使每個推銷員注意到在過去的 10 年中，銷售方式已發生改變。

## 遊戲步驟

1. 成立「考古之家」，人類的銷售文明正式誕生。他們的銷售技巧和今天顧客所期望的很不一樣。儘管這些技巧已經絕跡成為歷史，但他們遺留下來的「文物」將給我們提供他們推銷的線索。

2. 發起一次「挖掘」活動。透過古老的文件、櫃櫥和辦公室，尋找那些能給我們提供過去銷售線索的任何東西。

例如：

⑴用於宣傳產品特徵而不是需要的小冊子。

⑵給最親密獎獲得者的獎品。

⑶「最快銷售」的銷售比賽。

3. 每位參與者仔細觀察他們的「發現」，說明從這些「文物」出

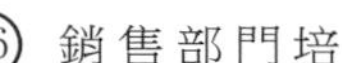

現後，銷售方式發生了什麼樣的變化。

## 遊戲討論

組織全體學員進行如下討論：

1. 討論自從銷售產生以來，什麼發生了根本性的變化。

2. 討論和若干年前相比，今天什麼風格的銷售最受歡迎、最容易得到獎勵。

3. 討論為什麼銷售方式會從介紹風格轉變為更多諮詢性質的方式，今天的顧客最希望產品銷售代表做的是什麼，以及為什麼有這樣的想法。

# 96 處理接觸性反對意見

遊戲時間：30 分鐘

## 遊戲簡介

培訓人員把自己遇到的反對意見列舉出來，由別的人員對此提出看法，然後討論解決方法。

## 遊戲主旨

幫助業務員克服最常見的反對意見。

## 遊戲材料

活頁紙、鋼筆。

## 遊戲步驟

1. 讓每位參與者把在關鍵時刻接觸新顧客所遇到的、難以處理的反對意見提示出來，盡可能多地列在活頁紙上。

2. 列舉完成後，把全班分成多個小組，給每個小組指定三個異議。

3. 針對每個異議，每個小組用 15 分鐘的時間提出相應的解決辦法。辦法越多越好。

4. 此時，不應討論或批評各小組所提的解決辦法。

5. 小組發言人向全班彙報該組的辦法，增加班級其他成員提出的建議。

6. 把列表印出來，分發給全班。

7. 提問小組中有多少人在訓練之前對處理這樣的問題感到困難。現在有多少人感到面對同樣的問題比較舒服。

## 遊戲討論

向全體學員強調：是他們，而不是你自己提出解決問題的方案。說明集體智慧能幫助克服此類的困難。

銷售故事

## 運用名人效應

丹尼爾・丁・伯斯丁是一位歷史學家、法學家和普利策獎得主，他還是國會圖書館的榮譽退休教授。

在一次採訪中，有家雜誌社的記者問起為什麼有人願意多花錢購買皮爾・卡丹產品，伯斯丁回答說，買主是基於一種事實或者說是一種現象來做出購買決定的，那就是「你會對我所買的東西留下深刻印象」。他們可能認為值得告訴別人「我有錢、有品位，而且還有地位和慾望去購買任何皮爾・卡丹產品」。

在顧客的家中和辦公室裏，推銷員同樣可以發現很多這樣的地位象徵品，從中可以看出顧客如何受到別人思維的影響。有些推銷員出於提高身價的目的，常常記著一長串顧客的名字，而另一些人卻做得更進一步，他們會拿出那些滿意的顧客親筆寫下的認可、表揚信大大炫耀一番。

這一類信件，尤其是對公司和優質服務大加讚賞的信件，常常能收到很好的促銷效果。但是，有時候推銷員得去請求顧客才能獲得這些信，因為有的顧客雖然感到滿意，對推銷員評價也高，但很少有人會主動寫出來。

例如，當一位顧客說:「喬，從來沒有那位推銷員像你一樣忠誠地對待我。」喬說:「謝謝。您能幫我一個忙嗎？要是您願意把它寫下來，我會感激不盡。」

正如前面提到的那樣，顧客的推託態度之所以出現，是因為他們擔心做出錯誤的決定。他們的邏輯思維是：「他們都是些聰明和敏銳的人，要是他們都買了的話，這產品肯定不錯。」

「我相信一定物有所值。」

在恰當的時機提到那些與目前的顧客屬於同一領域，卻又出類拔萃的人，同樣能顯示出推銷員是一名合法的推銷員——尤其是當推銷員遭到冷遇，顧客對推銷員和他的公司缺乏瞭解的時候，這種方法十分有效，因為有些顧客的想法是，如果一定要買，他們就只願意與有聲譽的公司合作。

# 97 反對意見的最後較量

遊戲時間：60 分鐘

## 遊戲簡介

讓受訓學員列出經常出現的反對意見，然後再找出合適的解決方法。

## 遊戲主旨

給業務員提供練習處理反對意見的趣味方法。

## 遊戲材料

鏢槍、活頁紙，如下圖所示的靶子（畫在紙上或白板上，最好是白板）。

| 1 | 2 | 3 |
|---|---|---|
| 4 | 5 | 6 |
| 7 | 8 | 9 |
| 10 | 11 | 12 |

## 遊戲步驟

1. 讓受訓學員根據日常工作經驗，列舉經常出現的反對意見，並在黑板上寫下來。

2. 把全班分成 4～6 組，每個小組選出一位發言人和一位槍手。

3. 給每個槍手一隻鏢槍，讓他們投向靶子，記錄下他們所擊中的環數，指定給小組相應題號的反對意見。

4. 允許小組以 1 分鐘的時間決定合適的答案，只有發言人才有資格回答問題，如果指導者決定認可他們的回答，那麼這個小組得就到 1 分；如果回答沒有被認可，那其他的小組各得 1 分。

5. 一個反對意見解決以後，給靶子上相應的數字劃「×」。

6. 如果槍手脫靶或者擊中了標有「×」的環，下一個小組接著進行(注意，隨著越來越多的反對意見被選中，可以允許槍手站得離靶子近些)。

## 遊戲討論

讓全體學員進行下列討論：

1. 提問開始列表的時候，多少人感覺處理這些反對意見有困難。

2. 提問他們現在處理這些問題得心應手的程度，闡明全體學員在沒有得到外界幫助的情況下把問題都解決了，這將有利於增加他們處理一般反對意見的信心。

3. 討論小組在提出解決方案時的重要價值，以及與同行討論銷售中出現的問題十分有效。

# 98 教練遊戲

遊戲時間：1 個小時

## 遊戲簡介

受訓學員分別扮演兩種角色，即銷售人員角色和顧客角色，並進行兩種角色的互換活動。

## 遊戲主旨

這個練習說明在任何銷售過程中都有兩個主要影響因素：

(1)銷售員的心理；

(2)顧客的心理。

此遊戲透過受訓學員同時揣摩銷售員心理和顧客心理，使參與的受訓學員，觀察問題的眼光變得更敏銳。

## 遊戲步驟

1. 把全體學員分成角色表演的小組，確定分別扮演銷售人員和顧客的人選。

2. 現在把其他人（他們都是觀眾）分成兩個教練小組，分別作為銷售員和顧客的教練。

3. 開始角色表演，但是每隔 5 分鐘暫停一下進行討論。在這段時間裏，顧客和銷售員都必須和他們各自的教練小組商討 3 分鐘，決定在下一步的銷售進程中如何行動。

4. 繼續進行，直到角色表演結束。

5. 交換角色，直到每個人都扮演過兩種教練角色。

## 遊戲討論

組織受訓學員進行如下討論：

1. 討論在銷售工作展開過程中，教練小組意見和在實際進展中我們的自我意識之間的相似性。

2. 討論教練對我們的銷售有何幫助或者干擾。

3. 討論作為銷售雙方中對方的教練有什麼感受。

4. 強調教練的幫助總是可以從經理或其他銷售員那裏得到，需要做的就是開口問。

# 99 改善銷售技巧

遊戲時間：30 分鐘

## 遊戲簡介

培訓師給每位參訓人員發培訓材料，通過學員對培訓材料的處理，給他們提供一種堅持創意的特殊方法。

## 遊戲主旨

給銷售人員記錄他們所想到的創意的方法。記住那些他們想在回去後改善的行為，以利提高銷售技能。

## 遊戲材料

樹枝、釘子或膠水。

## 遊戲步驟

1. 給每位參與者發「樹枝」。

2. 說明在整個訓練期間，他們應該在紙上記錄以下的所有資訊：

⑴他們在銷售工作中希望得到改正的行為。

⑵他們希望實施的新觀念。

⑶他們希望進一步發展的技能。

3. 這時候不說明紙要固定在樹枝上的原因。

4. 在訓練結束時，所有的參與者分享各自的記錄。

5. 作為一個選擇性的步驟，在訓練結束一個月之後，可以給每位參與者寄一根樹枝，上面附著一張便條，問參與者是否掌握了訓練期間學習的技能。

# 100 不要忽視銷售細節

遊戲時間：20 分鐘

## 遊戲簡介

本遊戲通過簡單的問答，來引起受訓學員對平常容易忽略的細節問題，加以注意。

## 遊戲主旨

這項訓練需快速進行，向銷售人員說明，當事情變得非常熟悉時，我們會忽略一些重要的細節問題。

## 遊戲步驟

1. 讓參與者以你為中點站成半圓形。

2. 讓每個人都注視你。

3. 向男銷售員提問：你今天戴的領帶的顏色、樣式。回答這個問題之前，不能中斷與他的視線交流。對於女銷售員，也提問同樣的問題。只不過問的是她們的耳環或一些其他的首飾，這些東西都不在她們的直接視線之內。

## 遊戲討論

1. 討論有多少參與者不能正確說出他們今天的穿戴。

2. 闡明有些時候我們忽略那些熟悉的事情。我們的一些老客戶可能就在這個行列中。我們必須確保以對待新顧客的方式來對待我們的老顧客。我們必須時常處於尋找變化和新機遇的狀態中。

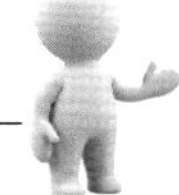

銷售故事

### 曲徑通幽打通秘書這道關

在森林之中，進貢給獅子物品是天經地義的事情，只要誰敢說「不」，那麼它的家族都要遭滅頂之災。

然而狼卻獨有一套，它每次上貢的物品最少，得到的表揚卻最多。羊進貢最多卻屢屢受罰，羊想不通，就去問狼什麼原因。狼陰笑道：「這一切你去問獅子的參謀狐狸就知道，因為每次我進貢之前都先送一隻雞給他，它就每次都在獅子面前說我的好話，而你每次進貢時，都沒給狐狸帶一點東西，他就在獅子面前說你的壞話。」

在現實社會中，參謀有時比主權人還重要，他是萬萬得罪不得的。在推銷過程中，要見經理就必須首先過秘書這道關，有時秘書比經理都重要，如果推銷員見不到經理，任何推銷都等於白說。

一般來說，經理的秘書都是女性，這就需要推銷員瞭解女性的弱點，懂得討好女性的方法，為秘書小姐送上一片好心情。

# 101 對時間的寶貴認知

遊戲時間：30 分鐘

## 遊戲簡介

這個遊戲側重於銷售人員對時間的認識和把握。

## 遊戲主旨

這項訓練強調銷售員如何利用時間，在銷售過程中，應儘量避免佔用顧客的寶貴時間。

## 遊戲材料

活頁紙和鋼筆。

## 遊戲步驟

1. 把全體學員分成兩組，第一組命名為「電話銷售」組，另一組為「拜訪銷售」組。

2. 讓每個小組分別列出兩組各自的特點。例如，「拜訪銷售」組的一個特點是「不要有明確的目的」。

3. 最後小組負責人向全體學員陳述結果。

## 遊戲討論

讓全體學員討論以下問題：

1. 討論為什麼一些銷售員更願意直接開展拜訪而不是電話銷售(通常，這是為避免同顧客發生正面衝突和當面遭到拒絕)。

2. 鞏固電話銷售的優點。

3. 討論「拜訪銷售」給顧客帶來的影響(他們認為自己的時間白白浪費了，可能不再希望見到銷售員)。

4. 討論銷售員如何做才能把拜訪銷售轉變成更有效的電話銷售。

# 102 分析銷售案例

遊戲時間：25 分鐘

## 遊戲簡介

這是一個推銷案例分析遊戲。由教師朗讀故事，然後引導學員討論應採取的措施。這些事例令受訓學員有身臨其境的感覺。

## 遊戲主旨

討論在對待客戶的過程中，如何提高團隊的互動性，識別什麼是不完善的客戶服務，怎樣才能完善客戶服務。

## 遊戲材料

活動掛板；

印刷資料(如下)。

大約一年前的一個晚上，由於我真的非常需要買 4 把辦公椅，所以儘管那時已是 20：45(商店 21：00 停止營業)，我還是來到一個大型百貨商店。商店的桌椅售賣處只擺著兩把椅子，所以我向其中一名店員詢問他們是否還有兩把椅子，她告訴我已經沒有與我想要的風格和顏色相匹配的椅子了。

我看到她並沒有去查庫存，就問她倉庫中是否會有。她長歎一聲後告訴我說，她得打電話給倉儲室讓他們找找看。電話接通後，她得知還有兩把我想要的那種椅子。然後她問我是否真的想要，我回答道:「當然想要。」

「那好。」她說,「可能要等些時候，而且我們就要打烊了。」

我表示願意等。她在電話中讓倉庫的員工把椅子拿上來，並似乎抱歉地對對方說道:「這裏有位女士想要！」

「謝謝，我希望不會給您帶來太多的麻煩。」我是發自內心地表示感謝，但是那個職員明顯不喜歡我的話。她說:「你知道嗎？女士，你的態度實在是有問題。」

我說我會馬上回來取椅子，然後走到離我不遠的客戶服務部。在我反映了這一情況後，我的椅子很快被拿上來了。但是我從此再也沒去那裏買過東西，並且我經常跟別人講這次經歷，因此很多人都聽過這則客戶服務的反面案例。

## 遊戲步驟

培訓師指定一名受訓學員讀印刷資料上的一則故事。

## 遊戲討論

1. 培訓師引導學員進行如下討論與分析：

在這個案例中，商店有很多明顯做得不好的地方。首先，在要打烊的時候有客戶光顧的零售商，必須保證他們所有的店員都將這些客戶看成是今天的生意。消費者外出購物的時候很少有時間觀念，尤其是當他們心裏已經想好了要買什麼東西，而且當成使命一定要買到的時候。文中的這個特定的客戶注意到了時間，也明確知道她想要買的東西，因此，她進去後沒有瀏覽別處而是直奔她所需要的椅子。

其次，以「必須檢查庫房」為藉口搪塞客戶似乎是一個通病。檢查你有沒有能滿足客戶需求的東西，這就是零售的職責。至於「長長的歎息」一類的那些消極的聲音更是進入糟糕的客戶服務的第一步，應該用一個「熱情的微笑」取而代之。

告訴客戶「即將打烊」幾乎等於告訴客戶讓他轉身離開。當客戶在臨近關門的時候來，你要做的第一件事，應該是讓他們知道你很高興能幫助他們。首先做好了這一步，那麼，隨後你需要告訴他們的任何事都可能會被很好地接受。

案例中的這個客戶做了一件普通人做不到的事，如果是普通人，會立即離開，而她卻選擇繼續等待她的椅子，這個商店無疑是幸運的。

然而，從資料的最後幾行可以看出，她不會再去那家商店了。

她到底把這家商店的惡劣服務告訴過多少人呢？相信真實數字會超出我們的想像。

2. 給分析較好的參與者某種獎勵。獎品可以是一塊糖、一盤免費出租的錄影帶或其他東西，甚至一次提前 30 分鐘下班的機會也可以。

## 103 嘗試打電話

遊戲時間：30 分鐘

### 遊戲簡介

培訓者先把故事大聲讀出來，然後組織參與者討論應該如何處理這種情況。

### 遊戲主旨

培訓受訓學員應該如何對待客戶，識別劣質的客戶服務，以及應採取什麼措施來推進優質服務。

### 遊戲材料

活動掛板；印刷材料（如下）。

## 遊戲步驟

請學員讀下面的一封信：

致百貨公司的一封信：

我撥打了貴公司的 800 電話，打了 25 分鐘，希望訂購兩床棉被，但是沒有任何應答。我至少 5 次聽到你們的電話語音提示，但當我根據提示按下相應的按鈕時卻總是失敗。自動回話者總是告訴我，「請撥打或說出某某號碼，我們會有人員來幫助你」。按按鈕對我沒有任何實質作用。自動回話者一直在喋喋不休。

失望之餘，我直接給你們商場打電話。你們商場的人工服務居然比自動服務還差。有 10 次接線員接起我的電話後叫我等她轉接電話。「請稍等，馬上會有人來幫助你。」每次我等待了好幾分鐘之後，又有一個聲音告訴我，馬上會有人員來幫助我。

最後終於有一個女士接了電話。我告訴她我想買兩床棉被，她問：「女士用還是男士用？」我告訴她是兩床棉被、家用被褥、被單和枕頭。她說她會轉接我的電話。我再一次聽到了「請稍等我把你的電話轉過去。」

我感到厭煩透了，最終還是放棄了。我花了很多的時間和長途電話費，卻沒有得到任何服務。

我建議你們給自己的商場打打電話，聽聽你們提供的是何等劣質的服務。我是商場多年的客戶，我難以相信你們的服務會惡劣到這種地步！

## 遊戲討論

1. 讓學員作如下分析與討論：

第 1 個問題是：你們之中有多少人開展了客戶服務和電話技能方面的新員工培訓項目？

第 2 個問題是：你們之中有多少人曾經給你的公司打過電話，找你們自己或者你們自己提供的服務或產品？

看這兩個問題有多少人舉手，通常都沒有多少人舉手。

因此，留給他們的一個任務是，讓他們打電話找自己，或者尋找自己提供的服務或者產品。我們無法改進自己不瞭解的事情，並無法以別人看待你的方式看待自己，這一點很重要。

2. 鼓勵學員們嘗試一下，每月打幾次電話找你自己。這樣通常可以提高自己的服務意識。

**銷售故事**

### 應該幫助顧客解決問題，而不是製造問題

黑貓請山羊到它家去吃飯，山羊餓著肚子趕到黑貓的家裏，黑貓擺了一桌豐盛的佳餚：紅燒老鼠肉，油氽老鼠皮，鬆脆老鼠頭，清蒸老鼠火腿……黑貓見山羊如約趕到，馬上請它入席，十分客氣地說：「吃吧，放開肚皮吃。」它自己則抓起一塊老鼠肉，有滋有味地大吃起來。

山羊坐在那兒，儘管肚皮餓得咕嚕咕嚕地叫，面對這一桌豐盛的老鼠宴，卻一點胃口也沒有。

「我……我不吃老鼠。」山羊結結巴巴地說。

它突然向園子裏走去，因為那裏有一片鮮嫩的青草，它的肚子實在太餓了。「原來是這樣啊！」黑貓忍不住哈哈大笑起來。山羊在園子裏吃著青草，也「美！美！」地叫著，以感謝主人的盛情招待。

黑貓從自己的立場出發，儘管盛情款待山羊，但豐盛的老鼠宴並不符合山羊的胃口，山羊真正喜歡的是青草。

對於推銷員來說，推銷的秘訣在於找到顧客心底最強烈的需要，並設法幫他們滿足這種需要，推銷員應站在客戶的立場去考慮問題，畢竟每個人都是最關心自己的，如果推銷員不關心顧客的需要，憑什麼指望顧客會關心推銷員的需要？

# 104 給你自己的公司打電話

遊戲時間：30 分鐘

## 遊戲簡介

這個遊戲的主要內容是給自己的公司打電話，給工作地點打電話，對自己做出評價並制定行動計劃。

## 遊戲主旨

評價自己的電話技巧，確定自己的優勢。確定需要改進的地方和為了改進而採取的具體行動。

## 遊戲材料

活動掛板；

鋼筆，白紙。

## 遊戲步驟

1. 培訓師引導學員們討論：

無論你什麼時候打電話，你的每一句話都代表了公司的立場。你就代表了公司的一切，在客戶心目中你就是公司。如果你的聲音熱情而又友好，如果你彬彬有禮、巧妙機智地應答，客戶就會喜歡和你打交道。發展客戶回應關係可能需要多年時間，但是破壞這種關係卻可能是在頃刻之間，這完全取決於你與客戶的聯繫、對待客戶的態度、與客戶的交互以及對待客戶時是否具備職業素質。

2. 給工作地點打電話

注意：

⑴電話台的設備能滿足每次接電話的要求。

⑵為這項活動的安排做一些必要的準備。

你要做的是，以個人的名義給你自己的工作地點打電話，並給你自己留言。

3. 遵循的標準

⑴你要表現得像是在給一個客戶而不是給你自己打電話。

⑵描述公司業務——你們提供的服務、你們銷售的產品。

⑶確定你能滿足客戶的需求。

⑷確定你提供的解決方案。

4. 重要的是，我們要知道這些問題的答案。如果我們不告訴客戶我們能帶來的價值，那我們如何與競爭對手區別開來，我們的服務與產品的品質又如何與眾不同呢？我們不說，又有誰會說呢？

給 15 分鐘的準備時間。與每個人面談，討論他們的表現並鼓勵他們表現出職業素質。每個人都必須打電話。

## 遊戲討論

如果會上對留言做了記錄的話(參看註釋)，在某個時間，要麼在後續活動中，要麼就在你的培訓過程中，對每次電話進行評價和評論。

1. 你正確地表達出你自己和你的公司的特點了嗎？
2. 你聽得懂自己說的話嗎(清晰的表達、語速等)？
3. 你能充滿信心、清楚地描述你公司的性質嗎？
4. 你描述了你公司的產品和服務了嗎？
5. 你適時地把價值、品質和你公司的獨特之處告知客戶了嗎？
6. 其他觀察結果？

⑴你在傾聽自己的留言時，能意識到需要提高溝通和電話技巧嗎？

⑵你將採取什麼具體行動？

# 105 業務員自我評價

遊戲時間：30 分鐘

## 遊戲簡介

定期停下來審視一下自己的定位、自己在做什麼以及自己的技巧運用得如何，是大有裨益的。

## 遊戲主旨

遊戲目的是進一步認識客戶服務代表應具備的電話技巧。

## 遊戲材料

活動木板；

印刷資料(附錄)。

**附錄：自我評價——電話技巧**

作為一個職業的客戶服務代表，經常看看以下資訊以調整自己的技巧。

1. 我正確地接聽電話了嗎？我瞭解我的公司、我自己和客戶嗎？

2. 我盡心傾聽客戶的資訊了嗎？

3. 我問客戶一些使他們思考並與我分享更多資訊的問題了嗎？

4. 我以關心的方式回覆客戶的談話、問題和關心了嗎？

5. 我避免談話分心了嗎，適當地把談話內容帶回到業務中了嗎？

6. 如果必須讓客戶等候，我做得合適嗎？

7. 在談話過程中我保持愉快的語調了嗎？

8. 在談話過程中我對客戶有禮貌嗎？

9. 我對客戶表現出熱情和自信了嗎？

10. 我做筆記了嗎？

11. 我真誠地表明瞭一個意思或者一種心情嗎？

12. 我說話的速度合適嗎？

13. 在電話中說話的時候，我避免嚼口香糖和吃東西了嗎？我說得足夠清楚以讓客戶理解我嗎？我還要再向客戶重覆嗎？

14. 在我的聲音中我能讓客戶看到和感到微笑嗎？

15. 我滿足客戶的需要了嗎？我提供解決方法了嗎？

16. 我提出簽訂訂單了嗎？

17. ________________________________________

________________________________________

18. ________________________________________

________________________________________

19. ________________________________________

________________________________________

20. ________________________________________

## 遊戲步驟

1. 採用附錄：自我評價——電話技巧

2. 讓學員花點時間考慮(評價)一下，自己是如何使用聯繫與客戶之間的重要紐帶——電話的。

3. 要求學員看下列項目，然後定期自行反省。

第 1 項：我接聽電話的方式正確嗎？我能體現我的公司、我自己和客戶的特點嗎？

你應該適時地回覆客戶，讓客戶知道你正準備處理他們的需要。也使得他們知道他們的電話打對了地方也找對了人，而且你已準備開展業務了。

第 2 項：我全神貫注傾聽客戶的留言了嗎？

傾聽比聽到更費勁。傾聽是在必要的時候關注應該關注的地方。

第 3 項：我向客戶提出的問題能引起客戶的思考從而向我透露更多資訊嗎？

這些問題通常是探索性問題。探究客戶心理的問題會引發客戶的思考，讓他們做出更多回應，這樣我們也能聽到更多資訊。

第 4 項：我關切地對客戶的意見、問題和擔憂做出回覆了嗎？

老話說得沒錯，「只有當你的客戶知道你有多關心他們的時候，才會關心你知道多少」。關切是奠定客戶回應關係基礎的主要基石。

第 5 項：我確保了談話不偏離主題，並巧妙地把談話內容帶回到正題上了嗎？

你們承擔的責任就是主要關注當前的業務。交際和閒話家常很好，但是你還有工作要做。客戶接踵而至，這個客戶後面還有另一個客戶。你要機智、禮貌地把談話帶回正題。

第 6 項：如果必須讓客戶等候，那我的做法合適嗎？

盡可能讓客戶自己選擇。這會讓客戶感覺到他們自己能控制整個過程的進展。

「您能稍等片刻(等候回覆)嗎？」或者「您能留下姓名和電話號碼嗎？我稍後再給您回覆。(確定你可以做到)」或者「讓其他人幫您好嗎？」或者，如果他們要找某人但那個人不在，就說，「我能為您效勞嗎？」

第 7 項：在整個談話過程中我保持了一種愉快的語氣嗎？

你的語氣對你傳達的訊息有重大的影響。你可以用最華麗的辭藻來傳遞資訊，但是如果沒有輔之以關切的語氣，就收不到良好的效果。

第 8 項：在整個談話過程中我對客戶有禮貌嗎？

以你希望別人對你的尊重同樣地對待客戶。

第 9 項：我對客戶表現出熱情和自信了嗎？

「Enthusiasm」這個詞來源於古希臘語。字面意思是「內在的精神。」熱情且有感染力，能對你身邊的人產生積極的影響。

第 10 項：我做記錄了嗎？

不要靠大腦記憶所有細節。把所有事實記錄下來，以後就不必重新記錄了。

第 11 項：我充滿感情地表達觀點或情緒了嗎？

像《2001 年太空漫遊》中的電腦 HAL 發出的那種單調、機械的聲音會讓人發瘋。要讓客戶感覺到他們是在與一個健康的、充滿關切的活人說話，而不是與機器談話。

第 12 項：我說話的速度合適嗎？

平均每分鐘大約 150 個字(指英文單詞——出版者註)的速度收

聽效果最好。溝通過程需要雙方相互瞭解。

第 13 項：在電話中說話的時候，我避免嚼口香糖和吃東西了嗎？我說得足夠清楚，使客戶能理解我，我也不用再向客戶重覆嗎？

你可能想給客戶最好的觀點和資訊，但是如果由於你不能有效地講話而出現問題，他們就不會理解你。

第 14 項：我的聲音，能讓客戶看到並感到微笑嗎？大多數人認為微笑可以穿過電話線。

第 15 項：我滿足了客戶的需要了嗎，我提供解決方法了嗎？這一點很重要，我們的業務就是——滿足需求。

第 16 項：我提出簽訂單了嗎？我們總是想以這個作為結束。直到有人銷售了某些東西，才會增加利潤——我們總希望是增加利潤。

第 17 項～第 20 項：我關心的其他重要評價問題。你可以在這裏列出使你的評價更有針對性的四個問題。註釋：這是一項補充和輔助電話培訓的遊戲。用在項目最後，可以作為很好的總結，也是一個可模仿使用的好工具。

銷售故事

## 對訪問的顧客要有所瞭解

獵狗聽說獅子很強大，心中很不服氣，他追捕過無數的獵物，還從沒有失過手，難道還怕獅子不成。只可惜它跟獵人打獵多年，還從沒見過獅子。

一天晚上，獵狗擺脫了獵人，獨自一人去森林找獅子決鬥，好立功回去領賞。

獵狗來到森林便張口狂叫：「獅子，有種你出來跟我決戰。」

獅子正睡得香，被獵狗吵醒了，非常生氣，抬起腳來就直撲獵狗，獵狗就覺得眼前一個龐大的黑呼呼的東西撲來，轉眼間就在獅子的鐵蹄之下一命嗚呼，只可憐獵狗，到死都沒看清獅子是什麼模樣。

獵狗可悲可歎，雖有一顆立功之心，卻對自己的對手獅子毫不瞭解。

在推銷當中，如果對自己要訪問的顧客毫無瞭解，推銷的過程將是一個艱難的過程。所以推銷員為了使自己的推銷成功，一定要在推銷之前做好充足的準備，以使推銷達到最大的成功。

# 106 更瞭解產品知識

遊戲時間：根據複雜程度而調整

## 遊戲簡介

讓參與者都變成某機器的一部份，再按機器運作流程，完成遊戲。

## 遊戲主旨

讓參與者認識到瞭解產品知識對於銷售流程的順利進行非常有益。

## 遊戲材料

產品的工作流程圖；影印機的作業流程圖。

## 遊戲步驟

1. 讓全班對將討論的產品有大致的瞭解。

2. 所有的參與者站起來，走到一個開闊的空間。

3. 分發涉及工作流程的圖表說明。如講述影印機如何工作，最好發一張正通過機器的圖表。

4. 每位參與者都變成機器的一部份。例如，一個銷售員可能是送紙板，一個是油墨，另一個是一張紙。

5. 告訴銷售員他們必須向全班說明他所代表的那部份在機器中起什麼作用。

⑴說明為什麼你們的產品優於競爭對手的。

⑵執行系統中那部份的功能。

6. 根據圖表給每個人定位，每位參與者向全班說明，作為系統的一部份，他們要幹什麼，然後打開「機器」。在影印機的例子中，扮演紙張角色的人應該從送紙板依次跑到油墨，到鐳射點，最後到托紙板。

## 遊戲討論

1. 提問參與者是否對系統的工作流程有了更好的理解。

2. 集體討論為什麼他們認為自己能更好地描述自己的產品與競爭者產品的重大差別。

心得欄 ------------------------------

# 107 向最優秀者加以學習

遊戲時間：40 分鐘

## 遊戲簡介

培訓業務員向資深業務員學習。

## 遊戲主旨

新銷售人員向經驗豐富者學習，給經驗豐富者提供一個回顧歷史，深入反思的機會。

## 遊戲材料

如下所示。

〈資料〉

為了給我們的銷售訓練班提供最優秀的觀點，要求每位參與者向公司最成功的銷售員徵求三則偉大的經驗。

請複印這張表格，從你所在的地區選擇三位成功的銷售員，並同他們面談，他們至少要回答下面三個問題中的一個(當然，回答出三個當然更好)。

三份複印件將在上課時上交，並與全體學員共享。

銷售經理姓名：______________________________

銷售員姓名：________________________________

位置：________________________________

⑴為吸收顧客的注意力所做的最富創意的事情？

⑵為讓顧客滿意所採取的最富創造性的方法？

⑶提供你曾做過的最有效的陳述說明案例。

## 遊戲步驟

1. 訓練之前三個星期，向地區銷售經理們發送「向優秀者學習」的傳真表。

2. 讓銷售經理組織面談會，把填寫完畢的表格帶到班級或會議上。

3. 上課或會議開始時收集表格，並錄入列印(最有成就的銷售員使用的策略可能同訓練中所用的思路不一致)。

4. 每天上課時向全班朗讀幾條策略，在中間休息和午飯時也迅速這樣做。這不僅給全班提供資訊，也為參與者準時開始新一輪的工作說明了原因。

5. 可以把這作為一個年度訓練。把這些觀點變成文字，複印並分發給公司的所有員工。

## 遊戲討論

組織全體人員進行下列討論：

1. 提問為什麼全班認為這是個好主意，他們感覺顧客將如何起反應(這幫助他們把觀念轉變為個人的實際行動)

2. 討論參與者實施這些想法的難易程度。如果困難，進一步討論應採取什麼措施克服困難。

# 108 銷售新服務項目

遊戲時間：60 分鐘

## 遊戲簡介

本遊戲要求培訓人員對不同類型的商品銷售都具備良好的技能。

## 遊戲主旨

幫助銷售員決定他們在訓練期間，準備提高那些技能，改進面談的技巧，並在課後鞏固訓練成果。

## 遊戲材料

定單(如下)。

**定單**

作為訓練的一部份，列為顧客希望得到的新技術，得到允許後再填寫「用處」和「接受時間」兩項。

| 顧客姓名： | | |
|---|---|---|
| 希望的新技術 | 用　　處 | 接受時間 |
| | | |
| | 總價值： | |

1. 在訓練開始時，說明這項訓練將幫助參與者明確他們期望從到訓練中獲得的內容。

2. 訓練過程中，定時展示填寫完畢的樣單，讓參與者清楚自己是否達到了要求。

3. 全班離開前，說明將有帳單寄過去，以及為什麼提醒他們繼續練習新技術。

## 遊戲步驟

第一部份：開始訓練

1. 訓練開始時，把全班兩兩分組，一個扮演顧客，另外一個扮演銷售員。

2. 說明他們中的「顧客」希望購買一項新技術，或以新代舊，或對現有技術做改進。在訓練中一些技術將賣給顧客，但首先，銷售員應該同顧客面談，以確定他們需要什麼。

3. 面談應該同平時一樣進行，建議包括這樣的問題：

⑴你期望中的什麼事情沒有發生？顧客應該回答得非常具體，像「更符合要求」這樣的答案過於籠統，不能接受。

⑵你將如何實施運用這項技術？

⑶這項技術將提高銷售過程的那個環節？

4. 銷售員應該寫下顧客希望得到定單(如結束部份所示)中所提供服務的具體要求。顧客要保留一份定單的複印件。

5. 面談結束後，小組中的兩個人交換角色。

6. 如果方便， 參與者可以共用他們的定單。

第二部份：訓練期間

1. 由於在訓練中顧客選擇那些希望得到的技術，他們要把那些

「已經得到的」項目從定單中劃掉。

第三部份：結束訓練

1. 訓練結束時，留出時間讓顧客完成定單，每個顧客應該寫清他從選擇的新技術中得到了什麼。

2. 可以讓參與者比較完成定單的效率。

3. 在參與者離開之前收集、複印這些定單，並分發給每位參與者。

第四部份：訓練結束後的討論會

1. 訓練結束幾週後，給每位參與者送一張帳單，要求「支付」他們在訓練中購買的技術費用，帳單就是填好價格的定單。

2. 支付項目包括：

⑴對訓練課程的評價反饋。

⑵說明他們如何使用技術的便條。

⑶寫明沒有使用新技術的原因的便條。

## 109 團隊工作

遊戲時間：15 分鐘

### 遊戲簡介

將工作分配給所有參與者，讓大家共同分擔工作任務的重要性，並且你也可以在培訓過程中的每個環節發揮各種創意。

## 遊戲主旨

認識到大家共同合作完成任務的必要性。適當選擇一個領導者，並證明合作的重要性。確定集體合作比「單獨工作」更容易成功。

## 遊戲步驟

1. 讓參與者站成一條直線。要求他們根據在組織中的服務年限長短排成一列，服務年限最長的人站在最前面。先找出這個人並指定他所站的位置，然後，指導團體中剩下的人員相互交流，完成排隊的工作。

2. 排列成一隊後，讓他們以大家都能聽到的音量大聲說出自己的服務年限。謝謝他們，給他們每個人分配一個數字並讓他們記住你分配給的數字。分配數字的方法是：循環報數，讓每個人報一個數，從 1 開始一直報到與桌子的數目(我們選擇圓桌子)相等，然後開始下一輪。例如，有 5 張桌子，那麼第 1 個人報 1，第 2 個人報 2……第 5 個人報 5；第 6 個人又開始報 1，第 7 個人報 2……依次類推。在隊列中不斷重覆報數過程，直到給每人都報了一個數字為止。這個過程結束以後，宣佈報 1 的人坐在一個特定的桌子旁(當時就確定這張桌子)，報 2 號的人坐在另一張桌子旁，報 3 號的人坐在第 3 張桌子旁，依次類推。參與者應該馬上就座。

3. 現在問他們，「我們做了什麼事？我們為什麼這麼做？」

〈參考答案〉

· 我們根據服務年限相互合作，可以促進各種觀點的搭配。

· 我們表現出了良好的團隊合作和完成任務的協作精神。

1. 現在讓他們仔細審視一下各自就坐的桌子的小組成員。數到 3 時讓他們指出那個看起來最負責任的小組成員。喊 1，2，3，開始！遵循「少數服從多數」的原則。讓新指派的組長向同組的其他成員分派職責。這是讓每組獲取自己的書籍、資料和他們為你這個特定項目所需的任何東西的最佳時機。為每個小組成員分配一項任務。

2. 再問：「我們剛才做了什麼？為什麼這麼做？」

3. 然後說，「在客戶服務的世界裏，要做的事情實在太多了。我們不可能一件一件地單獨完成，也不可能全靠自己來做。我們極其需要大家共同合作完成任務，並滿足客戶的需要。由於具備的才能、知識和技能不同，根據情況，我們也經常需要擔當起領導者的角色，我們需要團隊中的其他人員的合作。作為下屬，我們需要與領導者合作並支援領導者的工作，同時也要意識到，我們有時也可能成為領導者，到時候也需要團體的支援。」

4. 讓每一個人說出服務年限時，你最好做一下記錄並計算出總的服務年限與大家共用。沒有人能夠帶走那些工作年限、貢獻和經驗，這些都代表了我們想在項目中表現出來的大量智慧。請給你自己一個機會分享這些智慧吧。

5. 這種好方法讓所有參與者在實現某些重要目的的同時，能互動地參與、共同合作，而且從一開始就感受到其中的樂趣。它是整個工作小組的持續參與與合作的前提條件。每個人都要意識到自己的參與有助於整個團體的成功。

6. 提問，「如果某個人沒有盡力完成自己的工作，會發生什麼事情？」

7. 可能的答案是：會增加壓力、焦慮、挫折和整個團隊的工作負擔。

8. 提問，「當每個人都完成了各自的工作時情況又如何？」

9. 可能的答案是：會減輕焦慮、壓力和挫折；有助於改善工作環境。

銷售故事

## 讓顧客感到不吃虧

獅子和狐狸合作找食物，獅子憑兇猛負責攻擊，狐狸憑聰明負責尋找。

每次，獅子和狐狸都滿載而歸，分食物時，每次也都進行平分。日子久了，獅子覺得他吃了很大的虧，因為沒有它，食物找得再多也沒有用，憑狐狸那本事，吃雞還差不多。

在一個喜慶的日子，獅子和狐狸得到的食物特別多，這一次，狐狸要平分，獅子不幹了，道：「你最好給我滾，否則我會要你成為我的食物來歡度這個喜慶的日子。」

狐狸不得不很委屈地離開。

自那以後，獅子的日子也不好過，總是處於半饑餓狀態。其實，獅子和狐狸在一起尋找食物是最佳搭檔，獅子有攻擊力，狐狸有智慧，彼此進行互補。

在推銷當中，如果推銷員和顧客能進行互補成交，那顧客的心會感到一點都不吃虧，推銷成功率就會高很多。如果推銷員對顧客的問題表現出太大的固執，對顧客來說就是一個打擊，推銷要輕易獲得成功就不可能了。

# 110 藉口

遊戲時間：20 分鐘

## 遊戲簡介

這個遊戲主要是促進集體討論，讓大家意識到，不應該為沒有提供卓越的服務而尋找任何藉口。

## 遊戲主旨

不應該因任何藉口而不提供優質的服務。評價找藉口的真實情況並確定本來應該採取的行動。

## 遊戲材料

印刷材料(如下)。

**藉口**

列出客戶服務代表常說的沒有提供熱情的或優質的客戶服務的藉口。

藉口 1：______________________________

應該怎麼做：___________________________

藉口 2：______________________________

應該怎麼做：___________________________

藉口 3：______________________________

應該怎麼做：______________________________

## 遊戲步驟

1. 將參與者分成每組 4～6 個人的小組。每組選擇一個組長。分發附錄。讓他們公開列出他們常聽到客戶服務代表說的，或他們自己常說的 3～5 個常見的不提供熱情的或優質的客戶服務的藉口。

例如：

· 我的電腦死機了。

· 今天星期一。

· 這不是我的客戶！

· 我剛剛接完一個電話！

2. 告訴參與者：

「諸如此類的話會導致服務戛然而止。請注意，這項活動最重要的部份不是你提出的藉口，而是標題為「本應該採取什麼行動？」。本來應該採取什麼行動而不是想著找藉口？本來應該採取什麼行動為客戶提供他們期望的、想要的和需要的服務？本來應該採取什麼行動而不是一開始就找藉口？

現在是你們真正需要發揮專業人士創造力的時候了。例如，如果有人發現電腦死機了，難道這就意味著業務會終止，我們必然會失去一個客戶嗎？或者，我們能選擇發揮自己的創意，提出其他解決方案和具體行動，為未來業務做準備嗎？」

3. 讓各組組長負責，依照傳單的內容來指導本組展開討論。再次強調任務中最重要的部份是——應該怎麼做？

4. 給他們 10 分鐘時間討論。然後，讓每組一次說出一條——「藉口」和「原本應該採取的行動」。

## 遊戲討論

這個遊戲可以讓大家充分發揮創造力，並讓大家意識到，不應該為沒有提供優質的客戶服務找任何藉口。

# 111 克服障礙

遊戲時間：40 分鐘

## 遊戲簡介

這個培訓遊戲的重點在於，成功銷售人員天生就有責任接受挑戰、克服客戶設置的障礙以及通過為客戶提供服務與滿足客戶的需要來獲得成功。

## 遊戲主旨

為了獲得客戶服務的成功，業務員必須面對問題並應對挑戰，並對那些具體行動做好準備。

## 遊戲材料

印刷材料。

## 遊戲步驟

1. 培訓師分發材料，把「最偉大的障礙跑運動員」的故事告訴整個團隊。

### 最偉大的障礙跑運動員

一群高中教練站在體操館前面的操場上。十年級男孩尼克正充滿熱情地與田徑隊一起跑步。尼克經過這群教練時大聲說道：「我要成為我們學校歷史上最偉大的障礙跑運動員。」教練們笑了，尼克繼續跑。當他繞體操館跑第二圈的時候，又碰到了那些教練，他再次宣稱：「我要成為我們學校歷史上最偉大的障礙跑運動員。」尼克這次引起了一個教練的注意。當他第三次繞過體操館的時候，那個教練站出來讓尼克停下來。那個教練問尼克：「尼克，你如何才能成為學校歷史上最偉大的障礙跑運動員？」尼克後退一步，對教練的問題感到震驚。他環顧四週，好像有所防備似的小心翼翼地問教練：「你真想知道這個秘密嗎？」教練說：「是的，尼克，我想知道。你如何才能成為學校歷史上最偉大的障礙跑運動員？」

尼克讓教練走近一些，又環顧了一下四週，好像想確保安全似的。那個教練也四處張望了一下。尼克又讓教練再走近些，對教練耳語：「要想成為學校歷史上最偉大的障礙跑運動員，就要盯著終點，不要盯著障礙；盯著終點，不要盯著障礙。」（先輕聲說兩遍，然後再大聲說。）「盯著終點，不要盯著障礙；盯著終點。」

一個十年級的年輕人居然說出如此充滿睿智的話！毫無疑問，我們大家都會碰到需要克服的困難，如果你看準目標、集中注意力關注到自己偉大的願景，就能實現目標。

2. 將參與者分組，每組選一個組長。讓每個小組分別討論以下問題並準備好彙報討論的結果(8 分鐘)。

⑴你認為阻止優秀的客戶服務的內因、外因有那些？

⑵對於列出的每一個原因，至少提出一個糾正或消除問題的行動方案。

3. 每組討論完之後，都要向整個團隊公佈結果。

4. 你可以把這些問題列在活動板上，然後寫上整個團隊的討論結果，把重點放在解決方案和改進措施上。

## 遊戲討論

引導學員進行如下總結：

實現我們的目標並進一步取得客戶服務的成功是我們大家都面臨的一個巨大挑戰。

這個遊戲讓所有參與者把自己內心的擔憂、障礙以及獲得成功的障礙清楚地表達出來，讓大家都意識到他人也有相似的感覺和遭遇，而且出現這些障礙是正常現象，也使得我們把精力集中放在解決方案上。

## 心得欄

# 112 積極交流與消極交流

遊戲時間：45 分鐘

## 遊戲簡介

這個遊戲說明了積極（雙向）交流和消極（單向）交流之間的差異，使參與者能夠根據兩種交流形式的應用情況得出他們自己的結論。

## 遊戲主旨

確定消極（單向的）交流的組成。確定積極（雙向的）交流的組成。確定積極交流和消極交流的價值以及什麼時候使用那種交流更好。

## 遊戲材料

白板；印刷資料。

## 遊戲步驟

1. 從參加遊戲的小組成員中選擇三個人，讓他們在屋外等著，這樣他們聽不到對該活動的描述，等一會兒再請他們出來。向整個小組解釋會發生什麼事情。告訴小組成員遊戲將要證明積極交流（也叫雙向交流）和消極交流（也叫單向交流）之間的差異。」並把這句話寫在白板上。

「如果你的態度很消極，你能做的只是傾聽。你可能不會問問題，不會解釋或歸納。你不會重覆任何事情，所能做的就是傾聽。在大多數情況下並不是只有你一個人持有消極的態度，人們經常進行消極的交流，導致了消極的結果，這是很令人悲哀的。

現在我們要進行積極(雙向)的交流，事實上別人也期望在交流過程中，你能提問、重覆自己的論點、解釋和歸納。這樣才能證明你聽明白了，而且能與客戶的思路保持一致。」

2. 向小組成員解釋以下資訊：

「我會給第一個被叫進來的人讀以下這個故事。」

把故事的副本(附錄)發給小組成員。強調只會讀一次。不會重覆而且不回答任何問題、不歸納、不解釋。這就是一個消極交流的例子。」

3. 把第一個人叫進來，開始讀故事。讀完這個故事後，說：

「現在你能向在座的各位再講一次這個故事嗎？當你重述這個故事的時候要包括開端、中間和結尾。」

4. 叫第二個人進來時，讓第一個人和你站在一起。這一次讓第一個人告訴他這個故事。第一個人也是只能說一次，不做回答、解釋。第二個人能做的就是傾聽。然後，讓第二個人向聽眾重述這個故事。再次強調故事應該有一個開端、一個中間部份和一個結尾，現在就這麼做。

5. 當結束時，向前兩個人表示感謝。讓他們站在你旁邊，然後讓第三個也就是最後一個人進來。這一次，告訴第三個人，第一個人會給他講一個故事。給第一個人一份故事的副本。告訴第三個人，他可以提問、重覆問題、做出解釋和歸納，直到完全理解整個故事為止。準備好以後，讓第三個人和整個小組分享這個故事。

結束的時候，要向這三個人表示感謝。現在回顧一下整個經過。

「前兩種情況是消極、單向交流的例子。你們發現了什麼？通常在這種情況下，許多事實、姓名、日期、次數、地點和細節等資訊都變得含糊不清。隨著每個人轉述這個故事，情況會變得更糟糕。通常他們會遺漏故事的某些部份或只保留關鍵部份，有時會新編造一個和原來的故事迥然不同的故事。如果你只是傾聽而沒有用心強化故事的內容，可能會產生嚴重的問題。

最後一次講述是積極的（雙向的）交流。由於採用了積極（雙向）交流的方式，這個故事保留了其基本的形式。這需要付出很多努力，但是結果卻好得多。當人們要求別人重覆的時候，當他們解釋的時候，或當他們以其他方式進行積極交流的時候，結果會非常不同。在交流時要確保利用了有機會利用的所有工具。」

6. 總結：

不幸的是，我們經常有機會採用消極或積極的交流方式，但常常沒有充分利用可以利用的工具。一個真正的職業人員會從獲得最佳交流效果的角度考慮應該選擇消極（單向）交流還是積極（雙向）交流。

附錄：

故事北蒙大拿州的一個木匠給新擴倉庫裝了一個錫製頂棚。那天晚上，一場颶風把倉庫頂棚捲走了。第二天下午頂棚落在了 3.5 英里以外的地方，扭曲得無法再修補。他的一個律師朋友建議他把這塊破碎的錫片賣給一個大汽車公司。所以木匠決定把它運送到公司去，看看能用它換點兒什麼東西。他把破錫片裝到大木箱裏，送到了密歇根。他在箱子上把位址寫得很清楚，這樣汽車公司可以知道把支票寄送到那裏。過了 14 週，他沒有收到汽車公司的任何資訊。當木匠正想寫信詢問的時候，他收到了汽車公司的回信，信上說：「我們不知道究竟是什麼撞擊了你的汽車，請再給我們 7 週時間，我們會幫您修理好。」

銷售故事

## 從好奇心上下手做文章

有一天夜裏，狐狸實在餓了，就來到農戶柵欄旁，當時雞正睡得香，如何才能把雞引出來呢？狐狸想。

有了，平時雞又貪吃又好奇，今天，我就利用它的貪心和好奇心。狐狸憋足氣，擰著鼻子學青蛙叫。

叫聲把雞吵醒了。

沒過一會兒，狐狸又憋足氣學蟾蜍叫。

雞一時來了精神，想不到半夜三更我還能美餐一頓，而且，我一定要去柵欄外面看看是青蛙還是蟾蜍。雞呼地鑽出了柵欄，剛伸出頭來，就被狐狸按住了脖子，還沒喊「救命」就一命嗚呼！

在實際推銷工作中，推銷員可以先喚起客戶的好奇心，引起客戶的注意和興趣，然後從中道出所推銷商品的好處，迅速轉入面談階段。喚起好奇心的具體辦法則可以靈活多樣，儘量做到得心應手，運用自如。

# 113 說清楚你想說的

遊戲時間：15 分鐘

## 遊戲簡介

本培訓遊戲在證明，同客戶交流的時候，清晰的表達是非常重要的。

## 遊戲主旨

目標是為了證明理解的透明度。不僅我們需要理解客戶正在對我們說什麼；反過來，客戶也需要理解我們在說什麼。

## 遊戲材料

一件夾克做道具。

## 遊戲步驟

1. 讓小組成員繞著你圍成一個圓。這個時候你要穿著夾克。從小組中請一個志願者或者選擇一個人和你一起參與活動。就讓志願者站在他原來的位置。向整個小組解釋：不僅我們理解客戶很重要，客戶理解我們也絕對重要。

對關注你的參與者說：

「（他的名字），我想讓你做的就是，站在你那裏，用語言指示我該如何穿上夾克。」

當你說這些話的時候，脫掉夾克，把一隻袖子從裏面翻出來。然後，把你的夾克捲成球狀，放在地上。接下來的情景通常很有趣。

2. 確定你仔細地傾聽並嚴格按他所說的做。對這項活動要充滿熱情。如果志願者說：「撿起你的衣服」，那麼你就把衣服撿起來，但是還要保持它是個球形。確信自己完全按他說得那樣做，不要有任何假定。如果志願者告訴你抓住夾克領子，照著做，但是要讓夾克的裏面朝外。如果志願者說把衣服轉過來，按照他所說的做。把夾克完全轉過來，讓每一個部份都對著與原來完全相反的方向。或者，不停地轉動夾克直到他讓你停下來。不要太合作。繼續這項活動(大約 2 分鐘)直到志願者變得非常狼狽或者成功地讓你穿上了衣服(有些人確實做到了！)

3. 向志願者表示感謝。問一下小組成員：

「我們剛才做什麼了？我們當然覺得很有意思，但是這個遊戲強調的是，客戶能理解你與他們說的話嗎？所以一定要說明白你想說的話！」

4. 最後，讓所有參與者回到他們的座位上去。

# 114 黃金法則

遊戲時間：25 分鐘

## 遊戲簡介

本培訓遊戲關注，以我們希望得到的尊敬和尊嚴，對待客戶的重要性。活動包括一個故事、一次討論和一個團體項目。

## 遊戲主旨

說明什麼是合適的對待客戶的方式，具體指出對待客戶的合適行為。

## 遊戲材料

印刷材料。

## 遊戲步驟

1. 當我們說到對待客戶的合適方式時，通常指的就是黃金法則。「如果你希望別人怎麼對待你，你就怎麼對待別人。」客戶在我們這裏必須排在最優先的位置，並且是首要關注的焦點。

2. 與受訓學員共用下面這個故事。

很多年前，在華盛頓的斯波坎，一個紳士開著卡車進了銀行的停車場，他停下卡車，然後進了銀行。身穿牛仔褲，戴著棒球帽，他看起來像個普通的客戶。他要兌換一張 25 美元的支票。業務完成後，他回到卡車上，要離開停車場。

在停車場出口，一個年輕人對他說需要 60 美分的停車費。這個人不想支付 60 美分。錢對他來說很重要，無論是多少錢。年輕人說要麼交錢，要麼停下車回到銀行讓出納員驗證他的停車票，證明他確實是銀行的客戶。這激怒了那個人，但是他還是停下車回到了銀行。

當他進入銀行的時候，發現很多人在排隊。他排了隊，可是輪到他的時候，出納員拒絕驗證他的停車票，因為剛才不是她接待他的，而且她也不清楚他辦的業務。那個人說他不想支付 60 美分的停車費，所以需要驗證停車票。出納員說讓她為他驗證停車票的惟一方法是他和她有一項業務。他說，那好，我進行另一項業務。

結果這個人提取了 100 萬美金，然後把這筆錢存到了街對面該銀行的競爭對手那裏。

3. 告訴參與者：

「正如這個故事所說明的，對待每個客戶都要將他們當成是百萬富翁！

我們經常聽到很多類似的事情。某個人來處理一項業務，他穿得不是特別體面，而且通常有點匆忙。他處理完業務後就離開了。等他離開以後，客戶服務代表說那人是總裁、業主或是一個公司的高級主管。

俗話說，『不要通過封面判斷一本書的好壞』，『以你自己想得到的同樣的尊敬和尊嚴對待每個人』。

作為專業人員，那些在客戶服務領域的人究竟應該如何對待遇到的每位客戶？」

4. 將所有的參與者分成每組 4～5 人的小組，並給每組選擇一個組長。讓組長組織討論什麼是卓越的客戶服務。

5. 告訴參與者：

「請列出代表合適的客戶服務的行為、習語和禮儀。」

(給他們 6～8 分鐘時間。)

讓每組陳述他們的想法。當每組陳述想法、製作列表時，把這些想法列在一張活動白板上。

提供優秀的客戶服務是每個人的工作和職責。作為討論的一部份，你可能希望大家分享下面這個故事。

**一個小故事**

這是一個關於四個人的故事，這四個人分別叫做：每個人，某個人，任何人，沒有人。有一件重要的工作需要做，每個人都相信某個人會做。任何人都能做，但是沒有人做得了這件工作。某個人生氣了，因為這是每個人的工作。每個人認為任何人會做，但是沒有人意識到每個人不會做。最後當沒有人做任何人可以做的事情的時候，每個人都責備某個人。

# 115 讓我們成為一個整體

遊戲時間：45 分鐘

## 遊戲簡介

這個遊戲關注是集體合作所帶來的優勢。這是一項有趣的活動，適合在比較休閒的場所進行，最好是在戶外進行。

## 遊戲主旨

證明集體工作的重要性。確定每個小組成員的重要性。得出一個結論：「我」可能不知道答案，但是「我們」能完成工作。

## 遊戲步驟

1. 這是一個不可思議的遊戲，由 25 個人或 300 人完成。這對於客戶服務人員來說，是一項很好的休閒活動，而且應該在戶外的草地上進行，或在一個露天大型足球運動場進行這項活動，效果相當好。

2. 你將需要：

⑴一個麥克風，如果參與者人數較多的話。

⑵一個講台，這樣培訓者能站得比參與者高，便於觀察他們的行動。

3. 讓組員肩並肩圍成一個大圈，告訴他們下面的話：

「每個人都向右轉。讓你的左肩對著圓心，並且面對你前面那個人的後背。」

「圈中的每個人，當我數到 3 的時候，我希望你們每個人向圓心側跨兩大步。」

注意：我們要做的是壓縮圓的大小，直到圓當中的人緊密擠在一起，彼此之間沒有空間。

4. 如果有必要，讓他們再向圓心走一或兩步，直到每個人都擠在一起。每個人應該正好讓他的下巴靠在他前面那個人的後背上。

5. 告訴他們：

「現在，當我說『1，2，3，坐下』的時候。我希望你們(團隊中的所有人)都坐下來。讓你的膝蓋頂住你前面的人。1，2，3，坐下！」

注意：這就是這項活動有趣的地方。如果有人由於沒有集中精力，沒有注意聽或者沒有按照指示做或者沒有用膝蓋頂住前面的人，注意些！圈裏的一部份人會像多米諾牌一樣摔倒。如果是這樣，讓他們都站起來並告訴整個團隊，每個人都合作和遵照指示做是多麼的重要。重新從第一步開始。

當整個團體成功地坐下來的時候，這是一個很不錯的景象。他們通常會大聲歡呼。告訴他們：

「現在我數『1，2，3，站起來』，整個圈都要站起來。準備好了嗎？1，2，3，站起來！」

6. 聲明：

「我們還沒有做完。現在，我們讓這個圓走起來。聽仔細了。當我說『1，2，3，右』的時候，每個人用右腳向前走一大步。然後，我說『1，2，3，左』，每個人用左腳向前走一大步。準備好了嗎？1，

2，3，右！ 1，2，3，左！」

你會聽到他們發出更多的歡呼聲：「你們做到了！」

對參與者表示感謝，告訴他們：

「你們通過作為一個團體共同合作實現了目標。」

## 遊戲討論

詢問問參與者：

「我們做了什麼？為什麼我們這麼做？」

告訴他們：

「作為客戶服務人員，你面臨著巨大的挑戰。通常這些挑戰需要你們整個團隊的努力。這就是我們的優勢所在——團隊力量。

當每個人合作、傾聽並準確遵照指示的時候，我們會實現目標。那怕只有一個人有閃失或沒有按照指示做，也會對整個團隊產生影響。這不是一個可以袖手旁觀的活動！

我們每個人都必須在個人的基礎上參與活動並做出貢獻。只有這樣我們才能完全作為一個團體開展工作。這對客戶有很大的影響！」

強調：這個活動把職能上完全獨立的「我」變成職能上完全相互依賴的「我們」。它很好地表述了，在「我」向「我們」轉變的過程中，每個人都使自己成為團隊其中一個成員的重要性。

# 116 把相關產品全部銷售出去

遊戲時間：30 分鐘

## 遊戲簡介

銷售人員有責任不斷地告訴客戶他們所提供的產品，以及這些產品與服務如何滿足客戶的需要並提供解決方法。

## 遊戲主旨

解釋全部銷售的重要價值。認識到有責任把資訊告訴客戶並讓他們理解。

## 遊戲步驟

1. 將參與者分成每組 4 個或 5 個人的小組。為每組選擇一個組長。每組列出 5～10 個他們銷售給客戶的產品或提供給客戶的服務。給每組 5 分鐘時間。

2. 每一組需要讓其他組的參與者瞭解至少兩種他們所提供的產品或服務。每一組都應該準備好在活動白板上列舉出這些事項，並向整個團體陳述，這些事項相互之間有什麼聯繫以及它們能帶來的效益、特徵以及其他的附加的利益。換句話，就是全部銷售！

3. 培訓師告訴參與者：

「記住，我們有責任不斷地告訴客戶我們提供的服務和產品。

客戶沒有心靈感應術，我們有義務與他們分享知識，向他們披露資訊並為他們提供價值。」每組應該選擇兩個代表向別人陳述他們的發現。

## 遊戲討論

當每個小組陳述他們的發現時，要把這些資訊收集起來。這能成為公司提供產品和服務的一個很有價值的資訊指導。這些資訊也可能成為瞭解那些事項應該相互關聯的有用指導。在與客戶互動的過程中，銷售代表可以利用它來實現它來實現全部銷售。

銷售故事

### 推銷中最重要的是「問」

狐狸偷吃了雞，沒被狗當場逮著，但狗知道一定是狐狸做的，要治狐狸的死罪，狐狸卻死不承認，說就是要治它的罪也要讓它心服口服。

怎麼辦呢？

狗問道：「你說不是你吃的，為什麼你嘴上有血？」

狐狸道：「那是因為我近來嘴破了。」

「那雞毛是怎麼回事？」

「是雞送給我做裝飾品的。」

「那雞到那兒去了？」

「當然到我肚子裏……」狐狸知道說漏了嘴，想改口已來不及了。

狗道：「現在，我會用利牙撕開你的胃，讓你心服口服。」

狗通過「問」使狐狸亂了分寸，結果狐狸自露馬腳。

在推銷中，推銷員直接向客戶提出問題，會引起客戶的注意和興趣，引導客戶去思考，並順利轉入正式面談階段，這也是一種有效的推銷方法。推銷員可以首先提出一個問題，然後根據客戶的實際反應再提出其他問題，步步逼近，接近對方；也可以開頭就提出一連串的問題，使對方無法迴避，從而說出真心話。

# 117 達成交易

遊戲時間：40 分鐘

## 遊戲簡介

這個遊戲描述了達成交易的 4 個主要方法，它們能使你為客戶付出的所有努力都有價值。

## 遊戲主旨

闡述完成交易、獲取訂單的 4 種方法。並把技術應用到具體實際情況中。

## 遊戲材料

印刷材料。

## 遊戲步驟

1. 採用附錄工作表。

2. 讓每個參與者寫下一種他們遇到的客戶服務情況，以及在這種情況下他們是如何結束交易或獲取訂單的。下面，給他們 5 分鐘的時間，讓他們使用附錄來完成這項任務。

然後，總結一下 4 種主要的結束交易的方法。

⑴假設性結束

如果通過你與客戶之間的交流，你感覺到客戶已經決定購買了，那麼，你只需要往那個方向引導，客戶自然會結束你們的談話，表明他們想要購買的意圖。

例如：我們來確定一下這些項目是不是都正確，好嗎？

⑵選擇性結束

你可以顧名思義地來理解選擇性結束。你給客戶兩個或者更多供選擇的事項。它可能是一種產品、服務、發貨日期、顏色或其他任何與銷售相關的事情。當客戶做出他們的選擇時。你就成功了！

例如：您希望我們為您提供，還是？或者，您決定購買那一種呢？

⑶爭取肯定的回答

不是努力和客戶進行更多的對話，而是尋找一個能讓客戶做出肯定回答的具體問題，以此來結束交易。

例如：現在我們的服務能滿足您的全部需要嗎？或者，我們發送這些貨物的時候，應該提醒您嗎？

客戶以肯定的語氣回答這些問題時，你就成功了！

⑷為未來留有餘地

當客戶很難做出最終決定時，就需要用這種結束方式。客戶們持觀望的態度，希望得到更多的資訊或者幫助來做出最終決定。你希望能留有餘地，讓客戶在將來做出購買的決定。

例如：在決定購買的過程中，您還希望產品有什麼其他特徵？或者，除了迄今我們討論過的，我們還能為您做些什麼？

到目前為止，你已經讓參與者寫出了他們為客戶服務的情況，並且向他們介紹了幾種不同的完成交易類型。

3. 現在，選擇幾個志願者讀一下他們寫的內容；如果時間允許的話，你也可以讓每個參與者都讀一下。當每個參與者講述他們曾面臨的狀況時，讓其他參與者歸納出他們所使用的是那種結束類型。還要評價一下，這些參與者在他們所描述的情況下所採用的技術方式合適嗎？如果不是，你覺得其他那些方式更合適？為什麼？

4. 也可以把所有的參與者分成幾個小組來講述他們曾面臨的情況。可以分成每組 4 人或 5 人，並為每組選擇一個組長。組長應該讓每個組員都講述一下他們自己的故事。在每個成員講述完之後，讓其他成員說出他所使用的是那種結束類型，並回答下面問題：

⑴這是最合適的結束方式嗎？

⑵如果不是，你覺得其他那些方式更合適些？為什麼？

# 118 處理衝突的技巧

遊戲時間：30 分鐘

## 遊戲簡介

在日常生活中，外部客戶與內部客戶之間會發生衝突。由於相互不理解，在任何業務領域都可能存在衝突。不管是誰的錯，必須有人付出努力來解決衝突。

## 遊戲主旨

這個遊戲的目標是促使人們突破慣用的思維模式，以理解衝突中的人，來滿足他們的需求並強化他們之間的關係。

## 遊戲步驟

1. 培訓師請接受培訓的人找出幾個經常導致衝突的問題。要從內部和外部兩個方 面思考，因為通常內部衝突更為普遍，而且內部衝突能導致對待外部客戶的惡劣態度和行為。

2. 讓接受培訓的人選擇一個導致衝突的問題。請受訓學員描述一下表面的問題。把這些寫在活動白板上。

3. 現在，請他們陳述雙方在衝突中想要的是什麼。除了這個，他們真正需要什麼？

4. 現在讓他們以這一需要為基礎進行思考。滿足這些需要的替代方法是什麼？

5. 通常會發現一旦弄清楚了衝突後面的真實需要或者驅動力，會有很多方法滿足需要。

## 遊戲討論

這是一個突破慣用的思維模式的例子，而且需要突破的思維模式越複雜，練習的效果就越好。有很多可以用的例子，下面就是其中之一：

一個小偷闖進了一間房子，偷走了所有值錢的東西，但是在廚房的桌子上很顯眼的地方有兩張 100 美元的鈔票(bill)，卻沒有被拿走。為什麼呢？你很有可能聽到很多答案，也偶爾有人能答對。

答案：這是兩張煤氣和用電帳單(bill)。

當討論企業中的內部衝突時，這個練習適用於很多情況。例如，銷售與生產之間的衝突、工程和市場之間的衝突、生產和品質管制之間的衝突，等等。這個遊戲使人恍然大悟：衝突各方的需求實際上是一致的。

# 119 最尷尬的時刻

遊戲時間：20 分鐘

## 遊戲簡介

在這個遊戲中參與者向其他人講述他們作為銷售人員遇到的最尷尬時刻，以及他們從這些經歷中學到了什麼。

## 遊戲主旨

通過分享彼此的經驗來學習，每個人在客戶服務中都經歷過事情進展不順利的時刻，避免以後同類情況的重覆。

## 遊戲材料

印刷材料。

## 遊戲步驟

1. 給參與培訓者講一些管理概念。告訴他們：

「我們沒有人是完美的。每個人都有優點和缺點。我們要討論的是『正常的』情況，是每個人在客戶服務領域中都要經歷到的事情，是令人尷尬的時刻。

現在請用 5 分鐘時間考慮一下，並寫出當你面臨客戶服務中的最令人尷尬的狀況時的一些想法。準備好把你最尷尬的時刻講給我們，並告訴我們你從這種情況中學到了什麼。」

2. 等他們準備好以後，告訴他們，「當我們聽別人講故事的時候，我希望你們評估、評價並從中學習。問問自己，為了在當時或以後避免那種狀況，應該採取什麼行動。」

例如：

一個客戶服務人員要與某個組織中的一個高層管理人員見面。他記下日期以後，開始為 9：00 的會議做準備。在這個過程中，他把日曆翻錯了地方。

到了約會的那天，他早早地來到了客戶的辦公地點，走到助理那裏，自我介紹了一番，並提到了 9：00 的會面。他得到了愉悅的問候，然後被請到等候室坐下。這時候是早上 8：45。

15～20 分鐘過去了，什麼事也沒有發生。這位客戶服務人員耐心地等待著，瀏覽他的筆記，又過了 20 分鐘。他決定站起來再次詢問一下。這一次當他正好走到助理旁邊時，看見他要見的人陪著另一個人從他的辦公室裏走出來。這位管理人員看見了他，令他吃驚的是，這人說：「你在這裏做什麼？」他的回答當然是，「我是為了上午 9：00 與您見面。」主管看著他，驚訝地說：「我們本來約的是昨天。」這是一個令人很困窘的時刻。

我們從這裏學到了什麼？

⑴每次約會要確定兩次。

⑵不要把關鍵物品放錯地方，例如，約會手冊。

⑶打電話確定一下。

⑷其他還有什麼？

## 遊戲討論

讓參與者做一個作業，事先準備一下「在客戶服務中最令我尷尬的時刻」，並把它帶到課堂上。這樣在課堂上就可以有更多的時間用於討論。

# 120 收集故事

遊戲時間：30 分鐘

## 遊戲簡介

許多優秀的銷售服務都是建立在關心、信心、熱情、勇氣和態度的基礎之上的。這個故事都有值得參與者吸收和分享的東西。我們稱這項活動為 Eureka(希臘語「我找到了！」)

## 遊戲主旨

透過故事中的關鍵啟示，把它與優秀的客戶服務聯繫起來。

## 遊戲材料

印刷材料。

## 遊戲步驟

1. 將參與者分成小組，給每組選擇一個組長並給每組分一個故事(附錄 1～4)。讓每組大聲地讀分給他們的故事並討論它與優秀客戶服務的關係。從這個故事中能得到什麼與關心、信心、熱情或者勇氣有關的，而且值得與其他小組分享的資訊或者教訓？給每組 8～10 分鐘討論時間。

2. 讓每組講述他們獨特的故事以及他們從這個故事中的收穫。在活動白板上寫下關鍵的想法。每個組都講完之後，瀏覽關鍵的概念和想法，在關心、信心、熱心、勇氣和態度的基礎上，把它們與建立客戶回應關係的重要性和如何建立這種關係聯繫起來。

## 遊戲討論

1. 你可能會補充你自己的故事，附錄是一些我們多年來收集到的很有用的故事。

2. 這是一些可以有很多作用的故事。無論你希望強調什麼主題思想，都可以使用這些故事。讓你自己和整個小組分享這個故事以便支持和加強主要的觀點。

### 附錄 1　記住我的名字

教授對學生進行了一次當時流行的測試。我是一個細心的學生，輕鬆地回答了所有問題，但沒答最後一道問題，這道題問的是：「學校負責清潔的那名女工的名字是什麼？」

這確實是個笑話。我看到過那名清潔女工很多次。她個子很高、黑頭髮、50 多歲。但是我怎麼會知道她的名字呢？我交了試卷，最後一道題空白。

快要下課的時候，一個同學問最後一道題是否計算成績。「絕對算成績，」教授說，「在你的職業生涯中，你會遇到很多人。所有人都很重要。他們值得你給予關注和關心，即使你所做的僅僅是微笑著說『你好。』」

我永遠也忘不了那節課。後來我也記住了那名女工的名字叫桃樂西。

## 附錄 2　我總是記住提供服務的人

一個 10 歲的男孩走進一家旅館的咖啡店，坐在桌子旁邊。一個女服務生在他面前放了一杯水。「一份聖代冰淇淋多少錢？」他問。「50 美分。」女服務生回答道。

小男孩把手從口袋裏拿出來，開始研究袋裏的硬幣。「一份普通冰淇淋多少錢？」他詢問。當時有很多人在等空桌子，女服務生不耐煩了。「35 美分。」她粗魯地回答。那個小男孩又數了一下他的硬幣。「我要一份普通的冰淇淋。」他說。女服務生拿來了冰淇淋，把帳單放在了桌子上，然後走開了。男孩吃完了冰淇淋付了錢，就走了。當女服務生回來擦桌子的時候，她叫了起來。在空盤子旁邊整齊地放著兩枚五分鎳幣和 5 便士。

你看到了，他不能買聖代冰淇淋是因為他得給她留下小費。

## 附錄 3　路上的障礙

一個國王在路上發現了一塊大石頭。他躲在一邊看有沒有人願意挪走這塊大石頭。一些富有的商人和朝臣路過這裏，他們都繞道走了。很多人大聲抱怨國王沒有保持道路清潔，但是沒有人把石頭挪走。

後來一個背著蔬菜的農夫走過來了。他走到大石頭旁邊的時候，決定試著把石頭挪到路邊。他把蔬菜放到地上，使勁地連推帶拉，最後最終成功了。

當農夫低頭去撿蔬菜的時候，發現在原來石頭所在的那個地方有一個錢包。錢包裏有很多金幣和一張國王寫的紙條，紙條上寫著，這些金幣送給把大石頭從路上挪走的人。

農夫做到了我們很多人永遠無法理解的東西。

這個故事告訴我們什麼？

## 附錄 4　如果需要就給你

很多年以前，當我在醫院作志願者的時候，我認識了一個名叫莉斯的小女孩，她得了一種罕見的、很嚴重的病。她康復的惟一機會是讓她 5 歲大的弟弟給她輸血，她弟弟也得過相同的病，但是奇蹟般地活了下來，而且形成了與疾病抗爭的抗體。醫生把情況告訴了她弟弟，並問小男孩是否願意給他姐姐輸血。我看到他猶豫了一會兒，然後作了個深呼吸，說：「是的，我願意。如果能救她我願意給她輸血。」

輸血的過程中，男孩躺在緊靠他姐姐的床上，微笑著，我們都看到小女孩的臉色慢慢紅潤了起來。然後小男孩的臉色蒼白了，笑容也消失了。他看著醫生，顫抖地問，「我會馬上死嗎？」這個男孩很小，他誤解了醫生的意思，他以為救他姐姐是要把他身上所有的血都輸給她。

你可以看到理解和態度就是一切。

# 121 聽出客戶的言外之意

遊戲時間：30 分鐘

## 遊戲簡介

本遊戲透過幾個歌謠，讓培訓人員學會領悟客戶的話外之音。

## 遊戲主旨

讓受訓學員認識到，與顧客面對面交流時，要明白客戶的心意，要深入領會顧客所說話的言外之意，這樣才能確切地把握其需求。

## 遊戲步驟

把本班分成 3 組。第一組唱搖籃曲《小星星，眨呀眨》；第二組唱？「《呸，呸，害群之馬》」；第三組唱《ABC 歌》。

## 遊戲討論

1. 向全班提問，他們理解這些兒歌用了多長時間(一生)。

2. 問有多少人知道這三首歌是一樣的節奏。

3. 討論我們聽到同樣的意見(節奏)，只因為這些意見用不同的語言表達，所以把它們當成全新的東西來理解，這樣的經歷發生過多少次。

4. 為進一步說明，走遍教室讓每位參與者用不同的方式表達

「太貴了」的意思。

5. 最後說明，每個人都知道如何處理價格上的反對意見。銷售人員需要做的是，從各種表達方式中辨認出它們真正的含義。

心得欄

# 臺灣的核心競爭力，就在這裏！

## 圖書出版目錄

下列圖書是由臺灣的憲業企管顧問（集團）公司所出版，自1993年秉持專業立場，特別注重實務應用，50餘位顧問師為企業界提供最專業的經營管理類圖書。

選購企管書，敬請認明品牌：**憲業企管公司**。

1.傳播書香社會，直接向本出版社購買，一律9折優惠，郵遞費用由本公司負擔。服務電話(02)27622241　(03)9310960　　傳真(03)9310961

2.付款方式：請將書款轉帳到我公司下列的銀行帳戶。

- 銀行名稱：合作金庫銀行（敦南分行）　帳號：**5034-717-347447**
  公司名稱：憲業企管顧問有限公司
- 郵局劃撥號碼：**18410591**　郵局劃撥戶名：憲業企管顧問公司

3.圖書出版資料每週隨時更新，請見網站 www.bookstore99.com

### 經營顧問叢書

| 25 | 王永慶的經營管理 | 360元 |
|---|---|---|
| 47 | 營業部門推銷技巧 | 390元 |
| 52 | 堅持一定成功 | 360元 |
| 56 | 對準目標 | 360元 |
| 60 | 寶潔品牌操作手冊 | 360元 |
| 72 | 傳銷致富 | 360元 |
| 78 | 財務經理手冊 | 360元 |
| 79 | 財務診斷技巧 | 360元 |
| 86 | 企劃管理制度化 | 360元 |
| 91 | 汽車販賣技巧大公開 | 360元 |
| 97 | 企業收款管理 | 360元 |
| 100 | 幹部決定執行力 | 360元 |
| 106 | 提升領導力培訓遊戲 | 360元 |
| 122 | 熱愛工作 | 360元 |

| 125 | 部門經營計劃工作 | 360元 |
|---|---|---|
| 129 | 邁克爾・波特的戰略智慧 | 360元 |
| 130 | 如何制定企業經營戰略 | 360元 |
| 135 | 成敗關鍵的談判技巧 | 360元 |
| 137 | 生產部門、行銷部門績效考核手冊 | 360元 |
| 139 | 行銷機能診斷 | 360元 |
| 140 | 企業如何節流 | 360元 |
| 141 | 責任 | 360元 |
| 142 | 企業接棒人 | 360元 |
| 144 | 企業的外包操作管理 | 360元 |
| 146 | 主管階層績效考核手冊 | 360元 |
| 147 | 六步打造績效考核體系 | 360元 |
| 148 | 六步打造培訓體系 | 360元 |

| | | |
|---|---|---|
| 149 | 展覽會行銷技巧 | 360 元 |
| 150 | 企業流程管理技巧 | 360 元 |
| 152 | 向西點軍校學管理 | 360 元 |
| 154 | 領導你的成功團隊 | 360 元 |
| 155 | 頂尖傳銷術 | 360 元 |
| 160 | 各部門編制預算工作 | 360 元 |
| 163 | 只為成功找方法，不為失敗找藉口 | 360 元 |
| 167 | 網路商店管理手冊 | 360 元 |
| 168 | 生氣不如爭氣 | 360 元 |
| 170 | 模仿就能成功 | 350 元 |
| 176 | 每天進步一點點 | 350 元 |
| 181 | 速度是贏利關鍵 | 360 元 |
| 183 | 如何識別人才 | 360 元 |
| 184 | 找方法解決問題 | 360 元 |
| 185 | 不景氣時期，如何降低成本 | 360 元 |
| 186 | 營業管理疑難雜症與對策 | 360 元 |
| 187 | 廠商掌握零售賣場的竅門 | 360 元 |
| 188 | 推銷之神傳世技巧 | 360 元 |
| 189 | 企業經營案例解析 | 360 元 |
| 191 | 豐田汽車管理模式 | 360 元 |
| 192 | 企業執行力（技巧篇） | 360 元 |
| 193 | 領導魅力 | 360 元 |
| 198 | 銷售說服技巧 | 360 元 |
| 199 | 促銷工具疑難雜症與對策 | 360 元 |
| 200 | 如何推動目標管理(第三版) | 390 元 |
| 201 | 網路行銷技巧 | 360 元 |
| 204 | 客戶服務部工作流程 | 360 元 |
| 206 | 如何鞏固客戶（增訂二版） | 360 元 |
| 208 | 經濟大崩潰 | 360 元 |
| 215 | 行銷計劃書的撰寫與執行 | 360 元 |
| 216 | 內部控制實務與案例 | 360 元 |
| 217 | 透視財務分析內幕 | 360 元 |
| 219 | 總經理如何管理公司 | 360 元 |
| 222 | 確保新產品銷售成功 | 360 元 |
| 223 | 品牌成功關鍵步驟 | 360 元 |
| 224 | 客戶服務部門績效量化指標 | 360 元 |
| 226 | 商業網站成功密碼 | 360 元 |
| 228 | 經營分析 | 360 元 |
| 229 | 產品經理手冊 | 360 元 |
| 230 | 診斷改善你的企業 | 360 元 |
| 232 | 電子郵件成功技巧 | 360 元 |
| 234 | 銷售通路管理實務〈增訂二版〉 | 360 元 |
| 235 | 求職面試一定成功 | 360 元 |
| 236 | 客戶管理操作實務〈增訂二版〉 | 360 元 |
| 237 | 總經理如何領導成功團隊 | 360 元 |
| 238 | 總經理如何熟悉財務控制 | 360 元 |
| 239 | 總經理如何靈活調動資金 | 360 元 |
| 240 | 有趣的生活經濟學 | 360 元 |
| 241 | 業務員經營轄區市場（增訂二版） | 360 元 |
| 242 | 搜索引擎行銷 | 360 元 |
| 243 | 如何推動利潤中心制度（增訂二版） | 360 元 |
| 244 | 經營智慧 | 360 元 |
| 245 | 企業危機應對實戰技巧 | 360 元 |
| 246 | 行銷總監工作指引 | 360 元 |
| 247 | 行銷總監實戰案例 | 360 元 |
| 248 | 企業戰略執行手冊 | 360 元 |
| 249 | 大客戶搖錢樹 | 360 元 |
| 250 | 企業經營計劃〈增訂二版〉 | 360 元 |
| 252 | 營業管理實務（增訂二版） | 360 元 |
| 253 | 銷售部門績效考核量化指標 | 360 元 |
| 254 | 員工招聘操作手冊 | 360 元 |
| 256 | 有效溝通技巧 | 360 元 |
| 257 | 會議手冊 | 360 元 |
| 258 | 如何處理員工離職問題 | 360 元 |
| 259 | 提高工作效率 | 360 元 |
| 261 | 員工招聘性向測試方法 | 360 元 |
| 262 | 解決問題 | 360 元 |
| 263 | 微利時代制勝法寶 | 360 元 |
| 264 | 如何拿到 VC（風險投資）的錢 | 360 元 |
| 267 | 促銷管理實務〈增訂五版〉 | 360 元 |
| 268 | 顧客情報管理技巧 | 360 元 |
| 269 | 如何改善企業組織績效〈增訂二版〉 | 360 元 |
| 270 | 低調才是大智慧 | 360 元 |
| 272 | 主管必備的授權技巧 | 360 元 |

| | | |
|---|---|---|
| 275 | 主管如何激勵部屬 | 360 元 |
| 276 | 輕鬆擁有幽默口才 | 360 元 |
| 277 | 各部門年度計劃工作（增訂二版） | 360 元 |
| 278 | 面試主考官工作實務 | 360 元 |
| 279 | 總經理重點工作（增訂二版） | 360 元 |
| 282 | 如何提高市場佔有率（增訂二版） | 360 元 |
| 283 | 財務部流程規範化管理（增訂二版） | 360 元 |
| 284 | 時間管理手冊 | 360 元 |
| 285 | 人事經理操作手冊（增訂二版） | 360 元 |
| 286 | 贏得競爭優勢的模仿戰略 | 360 元 |
| 287 | 電話推銷培訓教材（增訂三版） | 360 元 |
| 288 | 贏在細節管理（增訂二版） | 360 元 |
| 289 | 企業識別系統 CIS（增訂二版） | 360 元 |
| 290 | 部門主管手冊（增訂五版） | 360 元 |
| 291 | 財務查帳技巧（增訂二版） | 360 元 |
| 292 | 商業簡報技巧 | 360 元 |
| 293 | 業務員疑難雜症與對策（增訂二版） | 360 元 |
| 294 | 內部控制規範手冊 | 360 元 |
| 295 | 哈佛領導力課程 | 360 元 |
| 296 | 如何診斷企業財務狀況 | 360 元 |
| 297 | 營業部轄區管理規範工具書 | 360 元 |
| 298 | 售後服務手冊 | 360 元 |
| 299 | 業績倍增的銷售技巧 | 400 元 |
| 300 | 行政部流程規範化管理（增訂二版） | 400 元 |
| 301 | 如何撰寫商業計畫書 | 400 元 |
| 302 | 行銷部流程規範化管理（增訂二版） | 400 元 |
| 303 | 人力資源部流程規範化管理（增訂四版） | 420 元 |
| 304 | 生產部流程規範化管理（增訂二版） | 400 元 |
| 305 | 績效考核手冊(增訂二版) | 400 元 |
| 306 | 經銷商管理手冊(增訂四版) | 420 元 |
| 307 | 招聘作業規範手冊 | 420 元 |
| 308 | 喬・吉拉德銷售智慧 | 400 元 |
| 309 | 商品鋪貨規範工具書 | 400 元 |
| 310 | 企業併購案例精華(增訂二版) | 420 元 |
| 311 | 客戶抱怨手冊 | 400 元 |
| 312 | 如何撰寫職位說明書(增訂二版) | 400 元 |
| 313 | 總務部門重點工作（增訂三版） | 400 元 |
| 314 | 客戶拒絕就是銷售成功的開始 | 400 元 |
| 315 | 如何選人、育人、用人、留人、辭人 | 400 元 |
| 316 | 危機管理案例精華 | 400 元 |
| 317 | 節約的都是利潤 | 400 元 |
| 318 | 企業盈利模式 | 400 元 |
| 319 | 應收帳款的管理與催收 | 420 元 |
| 320 | 總經理手冊 | 420 元 |
| 321 | 新產品銷售一定成功 | 420 元 |
| 322 | 銷售獎勵辦法 | 420 元 |
| 323 | 財務主管工作手冊 | 420 元 |

## 《商店叢書》

| | | |
|---|---|---|
| 18 | 店員推銷技巧 | 360 元 |
| 30 | 特許連鎖業經營技巧 | 360 元 |
| 35 | 商店標準操作流程 | 360 元 |
| 36 | 商店導購口才專業培訓 | 360 元 |
| 37 | 速食店操作手冊〈增訂二版〉 | 360 元 |
| 38 | 網路商店創業手冊〈增訂二版〉 | 360 元 |
| 40 | 商店診斷實務 | 360 元 |
| 41 | 店鋪商品管理手冊 | 360 元 |
| 42 | 店員操作手冊（增訂三版） | 360 元 |
| 43 | 如何撰寫連鎖業營運手冊〈增訂二版〉 | 360 元 |
| 44 | 店長如何提升業績〈增訂二版〉 | 360 元 |
| 45 | 向肯德基學習連鎖經營〈增訂二版〉 | 360 元 |
| 47 | 賣場如何經營會員制俱樂部 | 360 元 |
| 48 | 賣場銷量神奇交叉分析 | 360 元 |

| 49 | 商場促銷法寶 | 360 元 |
|---|---|---|
| 53 | 餐飲業工作規範 | 360 元 |
| 54 | 有效的店員銷售技巧 | 360 元 |
| 55 | 如何開創連鎖體系〈增訂三版〉 | 360 元 |
| 56 | 開一家穩賺不賠的網路商店 | 360 元 |
| 57 | 連鎖業開店複製流程 | 360 元 |
| 58 | 商鋪業績提升技巧 | 360 元 |
| 59 | 店員工作規範（增訂二版） | 400 元 |
| 60 | 連鎖業加盟合約 | 400 元 |
| 61 | 架設強大的連鎖總部 | 400 元 |
| 62 | 餐飲業經營技巧 | 400 元 |
| 63 | 連鎖店操作手冊（增訂五版） | 420 元 |
| 64 | 賣場管理督導手冊 | 420 元 |
| 65 | 連鎖店督導師手冊（增訂二版） | 420 元 |
| 66 | 店長操作手冊（增訂六版） | 420 元 |
| 67 | 店長數據化管理技巧 | 420 元 |
| 68 | 開店創業手冊〈增訂四版〉 | 420 元 |
| 69 | 連鎖業商品開發與物流配送 | 420 元 |
| 70 | 連鎖業加盟招商與培訓作法 | 420 元 |

## 《工廠叢書》

| 15 | 工廠設備維護手冊 | 380 元 |
|---|---|---|
| 16 | 品管圈活動指南 | 380 元 |
| 17 | 品管圈推動實務 | 380 元 |
| 20 | 如何推動提案制度 | 380 元 |
| 24 | 六西格瑪管理手冊 | 380 元 |
| 30 | 生產績效診斷與評估 | 380 元 |
| 32 | 如何藉助 IE 提升業績 | 380 元 |
| 35 | 目視管理案例大全 | 380 元 |
| 38 | 目視管理操作技巧（增訂二版） | 380 元 |
| 46 | 降低生產成本 | 380 元 |
| 47 | 物流配送績效管理 | 380 元 |
| 51 | 透視流程改善技巧 | 380 元 |
| 55 | 企業標準化的創建與推動 | 380 元 |
| 56 | 精細化生產管理 | 380 元 |
| 57 | 品質管制手法〈增訂二版〉 | 380 元 |
| 58 | 如何改善生產績效〈增訂二版〉 | 380 元 |
| 68 | 打造一流的生產作業廠區 | 380 元 |
| 70 | 如何控制不良品〈增訂二版〉 | 380 元 |
| 71 | 全面消除生產浪費 | 380 元 |
| 72 | 現場工程改善應用手冊 | 380 元 |
| 75 | 生產計劃的規劃與執行 | 380 元 |
| 77 | 確保新產品開發成功（增訂四版） | 380 元 |
| 79 | 6S 管理運作技巧 | 380 元 |
| 80 | 工廠管理標準作業流程〈增訂二版〉 | 380 元 |
| 83 | 品管部經理操作規範〈增訂二版〉 | 380 元 |
| 84 | 供應商管理手冊 | 380 元 |
| 85 | 採購管理工作細則〈增訂二版〉 | 380 元 |
| 87 | 物料管理控制實務〈增訂二版〉 | 380 元 |
| 88 | 豐田現場管理技巧 | 380 元 |
| 89 | 生產現場管理實戰案例〈增訂三版〉 | 380 元 |
| 90 | 如何推動 5S 管理（增訂五版） | 420 元 |
| 92 | 生產主管操作手冊（增訂五版） | 420 元 |
| 93 | 機器設備維護管理工具書 | 420 元 |
| 94 | 如何解決工廠問題 | 420 元 |
| 95 | 採購談判與議價技巧〈增訂二版〉 | 420 元 |
| 96 | 生產訂單運作方式與變更管理 | 420 元 |
| 97 | 商品管理流程控制（增訂四版） | 420 元 |
| 98 | 採購管理實務〈增訂六版〉 | 420 元 |
| 99 | 如何管理倉庫〈增訂八版〉 | 420 元 |
| 100 | 部門績效考核的量化管理（增訂六版） | 420 元 |
| 101 | 如何預防採購舞弊 | 420 元 |

## 《醫學保健叢書》

| 1 | 9 週加強免疫能力 | 320 元 |
|---|---|---|
| 3 | 如何克服失眠 | 320 元 |
| 4 | 美麗肌膚有妙方 | 320 元 |
| 5 | 減肥瘦身一定成功 | 360 元 |
| 6 | 輕鬆懷孕手冊 | 360 元 |
| 7 | 育兒保健手冊 | 360 元 |
| 8 | 輕鬆坐月子 | 360 元 |

| 11 | 排毒養生方法 | 360 元 |
| --- | --- | --- |
| 13 | 排除體內毒素 | 360 元 |
| 14 | 排除便秘困擾 | 360 元 |
| 15 | 維生素保健全書 | 360 元 |
| 16 | 腎臟病患者的治療與保健 | 360 元 |
| 17 | 肝病患者的治療與保健 | 360 元 |
| 18 | 糖尿病患者的治療與保健 | 360 元 |
| 19 | 高血壓患者的治療與保健 | 360 元 |
| 22 | 給老爸老媽的保健全書 | 360 元 |
| 23 | 如何降低高血壓 | 360 元 |
| 24 | 如何治療糖尿病 | 360 元 |
| 25 | 如何降低膽固醇 | 360 元 |
| 26 | 人體器官使用說明書 | 360 元 |
| 27 | 這樣喝水最健康 | 360 元 |
| 28 | 輕鬆排毒方法 | 360 元 |
| 29 | 中醫養生手冊 | 360 元 |
| 30 | 孕婦手冊 | 360 元 |
| 31 | 育兒手冊 | 360 元 |
| 32 | 幾千年的中醫養生方法 | 360 元 |
| 34 | 糖尿病治療全書 | 360 元 |
| 35 | 活到 120 歲的飲食方法 | 360 元 |
| 36 | 7 天克服便秘 | 360 元 |
| 37 | 為長壽做準備 | 360 元 |
| 39 | 拒絕三高有方法 | 360 元 |
| 40 | 一定要懷孕 | 360 元 |
| 41 | 提高免疫力可抵抗癌症 | 360 元 |
| 42 | 生男生女有技巧〈增訂三版〉 | 360 元 |

## 《培訓叢書》

| 11 | 培訓師的現場培訓技巧 | 360 元 |
| --- | --- | --- |
| 12 | 培訓師的演講技巧 | 360 元 |
| 15 | 戶外培訓活動實施技巧 | 360 元 |
| 17 | 針對部門主管的培訓遊戲 | 360 元 |
| 21 | 培訓部門經理操作手冊（增訂三版） | 360 元 |
| 23 | 培訓部門流程規範化管理 | 360 元 |
| 24 | 領導技巧培訓遊戲 | 360 元 |
| 26 | 提升服務品質培訓遊戲 | 360 元 |
| 27 | 執行能力培訓遊戲 | 360 元 |
| 28 | 企業如何培訓內部講師 | 360 元 |
| 29 | 培訓師手冊（增訂五版） | 420 元 |
| 30 | 團隊合作培訓遊戲(增訂三版) | 420 元 |
| 31 | 激勵員工培訓遊戲 | 420 元 |
| 32 | 企業培訓活動的破冰遊戲（增訂二版） | 420 元 |
| 33 | 解決問題能力培訓遊戲 | 420 元 |
| 34 | 情緒管理培訓遊戲 | 420 元 |
| 35 | 企業培訓遊戲大全(增訂四版) | 420 元 |
| 36 | 銷售部門培訓遊戲綜合本 | 420 元 |

## 《傳銷叢書》

| 4 | 傳銷致富 | 360 元 |
| --- | --- | --- |
| 5 | 傳銷培訓課程 | 360 元 |
| 10 | 頂尖傳銷術 | 360 元 |
| 12 | 現在輪到你成功 | 350 元 |
| 13 | 鑽石傳銷商培訓手冊 | 350 元 |
| 14 | 傳銷皇帝的激勵技巧 | 360 元 |
| 15 | 傳銷皇帝的溝通技巧 | 360 元 |
| 19 | 傳銷分享會運作範例 | 360 元 |
| 20 | 傳銷成功技巧（增訂五版） | 400 元 |
| 21 | 傳銷領袖（增訂二版） | 400 元 |
| 22 | 傳銷話術 | 400 元 |
| 23 | 如何傳銷邀約 | 400 元 |

## 《幼兒培育叢書》

| 1 | 如何培育傑出子女 | 360 元 |
| --- | --- | --- |
| 2 | 培育財富子女 | 360 元 |
| 3 | 如何激發孩子的學習潛能 | 360 元 |
| 4 | 鼓勵孩子 | 360 元 |
| 5 | 別溺愛孩子 | 360 元 |
| 6 | 孩子考第一名 | 360 元 |
| 7 | 父母要如何與孩子溝通 | 360 元 |
| 8 | 父母要如何培養孩子的好習慣 | 360 元 |
| 9 | 父母要如何激發孩子學習潛能 | 360 元 |
| 10 | 如何讓孩子變得堅強自信 | 360 元 |

## 《成功叢書》

| 1 | 猶太富翁經商智慧 | 360 元 |
| --- | --- | --- |
| 2 | 致富鑽石法則 | 360 元 |
| 3 | 發現財富密碼 | 360 元 |

## 《企業傳記叢書》

| 1 | 零售巨人沃爾瑪 | 360 元 |
| --- | --- | --- |
| 2 | 大型企業失敗啟示錄 | 360 元 |
| 3 | 企業併購始祖洛克菲勒 | 360 元 |

| | | |
|---|---|---|
| 4 | 透視戴爾經營技巧 | 360 元 |
| 5 | 亞馬遜網路書店傳奇 | 360 元 |
| 6 | 動物智慧的企業競爭啟示 | 320 元 |
| 7 | CEO 拯救企業 | 360 元 |
| 8 | 世界首富　宜家王國 | 360 元 |
| 9 | 航空巨人波音傳奇 | 360 元 |
| 10 | 傳媒併購大亨 | 360 元 |

## 《智慧叢書》

| | | |
|---|---|---|
| 1 | 禪的智慧 | 360 元 |
| 2 | 生活禪 | 360 元 |
| 3 | 易經的智慧 | 360 元 |
| 4 | 禪的管理大智慧 | 360 元 |
| 5 | 改變命運的人生智慧 | 360 元 |
| 6 | 如何吸取中庸智慧 | 360 元 |
| 7 | 如何吸取老子智慧 | 360 元 |
| 8 | 如何吸取易經智慧 | 360 元 |
| 9 | 經濟大崩潰 | 360 元 |
| 10 | 有趣的生活經濟學 | 360 元 |
| 11 | 低調才是大智慧 | 360 元 |

## 《DIY 叢書》

| | | |
|---|---|---|
| 1 | 居家節約竅門 DIY | 360 元 |
| 2 | 愛護汽車 DIY | 360 元 |
| 3 | 現代居家風水 DIY | 360 元 |
| 4 | 居家收納整理 DIY | 360 元 |
| 5 | 廚房竅門 DIY | 360 元 |
| 6 | 家庭裝修 DIY | 360 元 |
| 7 | 省油大作戰 | 360 元 |

## 《財務管理叢書》

| | | |
|---|---|---|
| 1 | 如何編制部門年度預算 | 360 元 |
| 2 | 財務查帳技巧 | 360 元 |
| 3 | 財務經理手冊 | 360 元 |
| 4 | 財務診斷技巧 | 360 元 |
| 5 | 內部控制實務 | 360 元 |
| 6 | 財務管理制度化 | 360 元 |
| 8 | 財務部流程規範化管理 | 360 元 |
| 9 | 如何推動利潤中心制度 | 360 元 |
| | | |
| | | |
| | | |
| | | |

為方便讀者選購，本公司將一部分上述圖書又加以專門分類如下：

## 《主管叢書》

| | | |
|---|---|---|
| 1 | 部門主管手冊（增訂五版） | 360 元 |
| 2 | 總經理手冊 | 420 元 |
| 4 | 生產主管操作手冊（增訂五版） | 420 元 |
| 5 | 店長操作手冊（增訂六版） | 420 元 |
| 6 | 財務經理手冊 | 360 元 |
| 7 | 人事經理操作手冊 | 360 元 |
| 8 | 行銷總監工作指引 | 360 元 |
| 9 | 行銷總監實戰案例 | 360 元 |

## 《總經理叢書》

| | | |
|---|---|---|
| 1 | 總經理如何經營公司(增訂二版) | 360 元 |
| 2 | 總經理如何管理公司 | 360 元 |
| 3 | 總經理如何領導成功團隊 | 360 元 |
| 4 | 總經理如何熟悉財務控制 | 360 元 |
| 5 | 總經理如何靈活調動資金 | 360 元 |
| 6 | 總經理手冊 | 420 元 |

## 《人事管理叢書》

| | | |
|---|---|---|
| 1 | 人事經理操作手冊 | 360 元 |
| 2 | 員工招聘操作手冊 | 360 元 |
| 3 | 員工招聘性向測試方法 | 360 元 |
| 5 | 總務部門重點工作（增訂三版） | 400 元 |
| 6 | 如何識別人才 | 360 元 |
| 7 | 如何處理員工離職問題 | 360 元 |
| 8 | 人力資源部流程規範化管理（增訂四版） | 420 元 |
| 9 | 面試主考官工作實務 | 360 元 |
| 10 | 主管如何激勵部屬 | 360 元 |
| 11 | 主管必備的授權技巧 | 360 元 |
| 12 | 部門主管手冊（增訂五版） | 360 元 |

## 《理財叢書》

| | | |
|---|---|---|
| 1 | 巴菲特股票投資忠告 | 360 元 |
| 2 | 受益一生的投資理財 | 360 元 |
| 3 | 終身理財計劃 | 360 元 |
| 4 | 如何投資黃金 | 360 元 |
| 5 | 巴菲特投資必贏技巧 | 360 元 |
| 6 | 投資基金賺錢方法 | 360 元 |
| 7 | 索羅斯的基金投資必贏忠告 | 360 元 |

| 8 | 巴菲特為何投資比亞迪 | 360 元 |
|---|---|---|

## 《網路行銷叢書》

| 1 | 網路商店創業手冊〈增訂二版〉 | 360 元 |
|---|---|---|
| 2 | 網路商店管理手冊 | 360 元 |
| 3 | 網路行銷技巧 | 360 元 |
| 4 | 商業網站成功密碼 | 360 元 |
| 5 | 電子郵件成功技巧 | 360 元 |
| 6 | 搜索引擎行銷 | 360 元 |

## 《企業計劃叢書》

| 1 | 企業經營計劃〈增訂二版〉 | 360 元 |
|---|---|---|
| 2 | 各部門年度計劃工作 | 360 元 |
| 3 | 各部門編制預算工作 | 360 元 |
| 4 | 經營分析 | 360 元 |
| 5 | 企業戰略執行手冊 | 360 元 |

**請保留此圖書目錄：**

**未來在長遠的工作上，此圖書目錄可能會對您有幫助！！**

當市場競爭激烈時：

## 培訓員工，強化員工競爭力
## 是企業最佳對策

「人才」是企業最大的財富。如何提升人才，是企業永續經營、戰勝對手的核心競爭力。積極培訓公司內部員工，是經濟不景氣時期的最佳戰略，而最快速的具體作法，就是「**建立企業內部圖書館，鼓勵員工多閱讀、多進修專業書藉**」

**建議您：請一次購足本公司所出版各種經營管理類圖書，作為貴公司內部員工培訓圖書。** 使用率高的（例如「贏在細節管理」），準備 3 本；使用率低的（例如「工廠設備維護手冊」），只買 1 本。

培訓叢書 ㊱ 售價：420 元

# 銷售部門培訓遊戲綜合本

西元二〇一七年一月 初版一刷

編著：邱世文 任賢旺

策劃：麥可國際出版有限公司（新加坡）

編輯：蕭玲

校對：劉飛娟

發行人：黃憲仁

發行所：憲業企管顧問有限公司

電話：（02）2762-2241 （03）9310960 0930872873

電子郵件聯絡信箱：huang2838@yahoo.com.tw

銀行 ATM 轉帳：合作金庫銀行 帳號：5034-717-347447

郵政劃撥：18410591 憲業企管顧問有限公司



登記證：行政業新聞局版台業字第 6380 號



本圖書是由憲業企管顧問（集團）公司所出版，以專業立場，為企業界提供最專業的各種經營管理類圖書。

圖書編號 ISBN：978-986-369-053-5